航天科技图书出版基金资助出版

航天器应用轨道力学

杨维廉　著

中国宇航出版社

·北京·

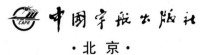

图书在版编目（CIP）数据

航天器应用轨道力学 / 杨维廉著. -- 北京：中国宇航出版社，2021.6

ISBN 978-7-5159-1950-8

Ⅰ.①航… Ⅱ.①杨… Ⅲ.①航天器轨道-轨道力学 Ⅳ. V412.4

中国版本图书馆 CIP 数据核字(2021)第 131731 号

责任编辑 彭晨光 朱琳琳　　封面设计 宇星文化

出版发行 中国宇航出版社

社址 北京市阜成路 8 号　　邮编 100830
(010)60286808　　(010)68768548

网址 www.caphbook.com

经销 新华书店

发行部 (010)60286888　　(010)68371900
(010)60286887　　(010)60286804(传真)

零售店 读者服务部
(010)68371105

承印 天津画中画印刷有限公司

版次 2021 年 6 月第 1 版　　2021 年 6 月第 1 次印刷

规格 880×1230　　开本 1/32

印张 7.375　　字数 212 千字

书号 ISBN 978-7-5159-1950-8

定价 80.00 元

航天科技图书出版基金简介

航天科技图书出版基金是由中国航天科技集团公司于2007年设立的，旨在鼓励航天科技人员著书立说，不断积累和传承航天科技知识，为航天事业提供知识储备和技术支持，繁荣航天科技图书出版工作，促进航天事业又好又快地发展。基金资助项目由航天科技图书出版基金评审委员会审定，由中国宇航出版社出版。

申请出版基金资助的项目包括航天基础理论著作，航天工程技术著作，航天科技工具书，航天型号管理经验与管理思想集萃，世界航天各学科前沿技术发展译著以及有代表性的科研生产、经营管理译著，向社会公众普及航天知识、宣传航天文化的优秀读物等。出版基金每年评审1～2次，资助20～30项。

欢迎广大作者积极申请航天科技图书出版基金。可以登录中国宇航出版社网站，点击“出版基金”专栏查询详情并下载基金申请表；也可以通过电话、信函索取申报指南和基金申请表。

网址：http：//www. caphbook. com

电话：(010) 68767205，68768904

序　一

我国的航天事业经过几代人的努力，从无到有、从弱到强，经历了从艰苦创业到走向世界的重要时期，正在开展的航天强国建设将为实现中华民族伟大复兴的中国梦奠定坚实基础。随着航天事业的蓬勃发展，我国航天器系统工程设计的技术水平逐步提高。对航天任务而言，轨道力学及轨道设计尤为重要，甚至决定着航天器任务的成败。相对于地球轨道卫星而言，月球以及深空探测等航天器的轨道设计难度更大，需要深刻理解轨道选择的依据，并随着任务的改变或者任务定义的完善，对轨道设计的依据进行分析与评估。

本书作者杨维廉研究员是我国著名轨道力学专家，从事航天器轨道设计工作50余载。从1968年开始轨道力学研究，开创了我国遥感卫星轨道设计的先河，形成了一系列与轨道设计、轨控策略相关的数学模型和计算方法，并得到了卫星飞行实践的验证。他设计了我国第一颗遥感卫星——资源一号的轨道，使得我国首次实现了对长期的太阳同步、回归及冻结轨道的高精度控制，开创了我国深空探测轨道设计工作，完美设计了我国第一颗月球遥感探测卫星——嫦娥一号的飞行轨迹。结合大系统约束、运载约束、测控系统约束以及卫星电源、热控、载荷等的约束，采用平均摄动理论、状态转移矩阵迭代的误差微分修正方法，建立了高精度轨道计算模型和轨控策略，设计了包括地球调相轨道、地月转移轨道、环月使命轨道的任务轨道，为我国首次月球探测任务的成功实施提供了有力保障，设计水平达到国际先进水平。

本书立足于我国航天工程轨道设计的现实需求，从轨道摄动、轨道设计、轨道机动、定轨、预报及精度分析、月球及深空探测轨道设计等方面，结合相关的理论与工程问题，进行系统而深入的论述。书中还从卫星系统设计角度介绍了轨道设计及参数优化方法，具有很强的系统性、新颖性和实用性。

本书是作者在轨道力学方面几十年潜心研究的成果，也是作者进行工程创新与发展的经验总结，更是理论和工程实践结合的权威著作。本书深入浅出，对航天器轨道力学理论研究者、航天器设计师以及有效载荷设计师都有很高的参考价值。本书可以作为航天专业本科生和研究生的教学参考书，也可以作为航天领域总体和专业设计师的培训用书和工作参考书。

中国科学院院士　杨孟飞

序　二

航天器作为执行探索、开发、利用太空和天体等特定任务的载体，是航天任务的主体和主要组成部分，而轨道力学是支撑航天任务顶层设计的核心学科之一。

现代航天器具有任务复杂、长寿命和高精度等特点，对轨道设计提出了更高要求，也对轨道力学的发展和应用提出了更严峻的挑战。轨道力学以各类航天器为研究对象，揭示在万有引力及外力作用下的运动特性及运动规律，是一门交叉学科，内容涉及一般力学、天体力学、航天器轨道设计、轨道确定、轨道转移等工程技术问题，不但理论难度很大，而且工程实践性极强。

本书立足于我国航天任务轨道设计的工程需求，密切结合我国航天器总体技术的发展，围绕轨道力学中的重点问题，包括卫星轨道摄动、地球卫星轨道、轨道机动、定轨、预报及精度分析、月球和行星际探测转移轨道、平动轨道等几个方面，对相关的理论与工程方法进行了全面深入的论述，并系统总结了在航天器轨道力学方面的理论研究进展和工程应用成果。

本书作者杨维廉研究员不但在航天器轨道力学、任务分析和总体设计领域具有很深的学术造诣和丰富的工程经验，而且在我国多个航天重大专项任务中取得了工程实用的、填补国内空白的重要科研成果。本书系统总结了作者几十年来从事和主持我国航天器轨道力学理论研究和工程应用方面的成果，不仅包括地球卫星轨道力学的工程实用模型，还包括月球探测、行星际探测及拉格朗日点等深空探测任务的轨道力学模型和计算方法。本书不同于迄今看到的各类航天器轨道力学的理论专著，其显著特点表现在：系统论述了现代航天器设计中各类轨道力学问题的分析设计方法；理论研究与工程实际结合，建立了各类具有工程实用性和通用性的理论模型；具有很强的系统性、新颖性和实用性。因此，这是一部实用价值高、集大成的航天器轨道力学专著。

这部著作的出版，将会推动我国航天器轨道力学的进一步研究、发展和工程应用，提升我国航天器设计水平，助推我国从航天大国向航天强国迈进。

中国航天科技集团有限公司科技委副主任　于登云

前　言

从1970年东方红一号发射成功到现在整整50年，我国航天器任务及轨道涵盖面越来越广，从低轨道、高轨道到地外天体绕飞、着陆，轨道动力学分析和设计作为航天器任务设计的重要环节，在理论和实践方面都取得了巨大的进步，为航天工程任务的圆满完成提供了重要保障。本书立足于我国航天工程轨道动力学设计的实际需求，围绕三体问题、卫星轨道摄动、地球卫星轨道设计、轨道机动，定轨、预报及精度分析等方面，结合大量相关的理论与工程实践问题，进行了系统深入的论述。

本人毕业于北京大学数学力学系数学专业，扎实而系统的数学基础对我从事卫星轨道设计与分析工作帮助很大。1981—1983年以公派访问学者的身份在美国斯坦福大学航空航天系进修，在美国工程院院士J. V. Breakwell的指导下研究地球引力场“质聚模型”，被Breakwell院士评价为“解决了多年未解决的难题”。从事轨道力学研究和航天任务分析设计工作50余载，早年主要负责以资源一号卫星为代表的遥感卫星轨道设计，后来主持了以嫦娥一号为代表的深空探测器轨道设计。轨道专业研究涉及引力摄动、冻结轨道、平根数、状态转移矩阵迭代、相对运动、星座覆盖、状态估计、三体摄动等方面，试图将理论成果完美地应用到工程实践。工程技术人员在工程实践中应该主动、有意识地对工程方法论进行探讨和交流，这对提高工作效率和设计水平都是十分必要的。我常常对研究生和年轻的轨道设计师讲：“不会近似的工程师不是好的工程师。”轨道设计得益于对工程近似方法的应用，而善于近似的前提就是要正确地判别各种相关因素对结果的影响，要做到心中有数。本书也试图结合具体研究阐释这种工程近似方法的内涵。

本书分为五部分，共有 10 章。其中第一部分为第 1、2 章，介绍了坐标与时间、二体问题等基本概念和理论，涉及轨道分析的知识；第二部分为第 3、4 章，讨论了卫星轨道摄动以及常用的地球卫星轨道，对其进行了详尽的分析，并对轨道设计中需要考虑的问题进行了归纳；第三部分为第 5、6 章，在二体问题、轨道摄动分析的基础上，结合方法论阐述了轨道机动和定轨的具体问题和策略；第四部分为第 7、8 章，讨论了轨道力学在热点问题——编队飞行和星座设计方面的应用，对理论、研究方法和具体应用进行了探讨；第五部分为第 9、10 章，对月球和行星际探测的转移轨道和拉格朗日点的轨道设计方法进行了详细介绍，其中利用状态转移的微分修正方法是求解问题的核心，这种方法的适用范围广，在我国深空探测轨道设计中得到了很好的应用。

最后，感谢中国空间技术研究院总体设计部周佐新部长、曾曜书记、王大轶副部长等领导的支持和帮助；感谢周文艳研究员、邹元杰研究员以及轨道专业的各位同行，他们出色的工作促成了本书的出版。

因学识所限，书中难免存在疏漏和不足之处，敬请读者批评指正。

杨维廉

2021 年 4 月 24 日

目 录

第 1 章　太阳系、坐标与时间系统

1.1　太阳系

太阳系是以太阳为中心的天体系统，包括环绕太阳运动的水星（Mercury）、金星（Venus）、地球（Earth）、火星（Mars）、木星（Jupiter）、土星（Saturn）、天王星（Uranus）、海王星（Neptune）和冥王星（Pluto）。冥王星是 1930 年发现的，当时将其算作第九颗大行星。2006 年 8 月 24 日，国际天文学联合会根据新的分类标准，将冥王星划归为矮行星，因此新的说法是太阳系包括八大行星。太阳系中的大部分行星都有环绕它们的天然卫星，根据最新的统计，天文学家已发现的天然卫星至少有 200 多颗。

这里要指出的是，一般行星的天然卫星的英文是小写的 moon，而我们地球的唯一的一颗天然卫星——月球的英文是首字母大写的 Moon。在航天工程中，卫星对应的英语是 satellite，它可以解释为环绕任何引力中心运动的航天器，因此绕月飞行的航天器可以称为月球卫星。

太阳系内还有很多彗星（comets）、小行星（asteroid）和流星（meteoroid），另外还有许多行星际的物质。太阳是太阳系中电磁能（绝大部分是以热和光的形式显现）最丰富的源泉。

太阳系中的大行星，它们的大部分卫星以及小行星都按同一方向环绕着太阳运动，如果从太阳的北极向下看，这些大行星都是在其轨道上按逆时针的方向运行。这些行星环绕着太阳近乎在同一个轨道面内运行，这个轨道面称为黄道面。冥王星的运行轨道比较特殊，它相对于黄道面的轨道倾角最高，有 17.2°，而且在所有的行星轨道中它的偏心率最大。因此，它在其部分轨道运行时比海王星离太阳更近。这些行星中大部分的自转轴接近于与黄道面垂直，只有天王星和冥王星例外，有比较大的倾斜度。

太阳系中的八大行星又分成两大类，一类是四颗离太阳较近的行星，它们是水星、金星、地球和火星，称为类地行星。之所以称其为类地行星，是因为它们都同地球一样以硅酸盐岩石为主要成分。这四颗行星除了水星几乎不含大气层外，其余的三颗行星都被显著的大气层所覆盖。另外四颗大行星——木星、土星、天王星和海王星称为类木行星，同地球相比，它们都十分巨大，它们都像木星一样含有很厚的大气层，虽然其中的一些或全部都可能具有小的固体的内核，因此，它们又被称为气体巨星。表 1-1 和表 1-2 列出了这些大行星（也包括冥王星）的一些参数。

表 1-1　行星的有关参数（一）

行星	半长轴(AU)	偏心率	倾角/(°)	倾斜角/(°)	公转周期/年	会合周期/天	平均速度/(km/s)
水星	0.387 1	0.205 6	7.006	0.051	0.240 8	115.878 5	47.87
金星	0.723 3	0.006 8	3.395	177.362	0.615 2	583.961 5	35.02
地球	1.000 0	0.016 7	0.000	23.439	1.000 0	—	29.78
火星	1.523 7	0.093 4	1.849	25.193	1.880 8	779.914 3	24.13
木星	5.207 8	0.048 4	1.304	3.119	11.884 9	398.805 7	13.05
土星	9.554 4	0.054 1	2.487	26.731	29.533 5	378.050 7	9.64
天王星	19.215 8	0.047 1	0.772	97.770	84.235 9	369.638 1	6.79
海王星	30.118 2	0.009 8	1.769	28.313	165.292 4	367.473 2	5.43
冥王星	39.568 4	0.249 9	17.168	119.674	248.903 3	366.723 4	4.73

表 1-2　行星的有关参数（二）

行星	质量(地球质量)	半径/km	密度/(g/cm^3)	自转周期/天	加速度(地球加速度)	逃逸速度/(km/s)	已知卫星个数
水星	0.055	2 439.7	5.427	58.646 2	0.377	4.25	0
金星	0.815	6 051.8	5.243	−243.018 5	0.903	10.36	0

续表

行星	质量(地球质量)	半径/km	密度/(g/cm³)	自转周期/天	加速度(地球加速度)	逃逸速度/(km/s)	已知卫星个数
地球	1.000	6 371.0	5.514	0.997 3	1.000	11.19	1
火星	0.107	3 389.5	3.934	1.026 0	0.380	5.03	2
木星	317.828	69 911.0	1.326	0.413 5	2.639	60.20	79
土星	95.161	58 232.0	0.687	0.444 0	1.139	36.09	82
天王星	14.536	25 362.0	1.270	−0.718 3	0.917	21.38	27
海王星	17.148	24 622.0	1.638	0.671 2	1.148	23.56	14
冥王星	0.002	1 188.3	1.854	6.387 2	0.063	1.21	5

表 1-1 中倾斜角（Obliquity）指的是行星的轨道平面与赤道平面的夹角，严格的定义是行星的自转轴与轨道面法线之间的夹角，对于地球它就是黄赤夹角，它们与行星的轨道倾角是不同的参数。根据国际天文学联合会的规定，行星的北极应指向黄道平面（地球环绕太阳运动的轨道面）的上方，因此所有大行星环绕太阳的轨道运动都是同向的，而行星自转可以分成两类，水星、地球、火星、木星、土星和海王星与其轨道运动同向，金星和天王星是逆向的。

太阳包含了太阳系全部物质的 99.85％ 。所有的类木行星的质量仅占太阳系的 0.135％，它们是由形成太阳的同样物质浓缩而成的，木星最大，它的质量比其他行星质量总和的两倍还大。类地行星、行星的卫星、彗星、小行星、流星和其他的行星际物质加起来占了剩下的 0.015％。太阳系的质量分布情况具体如下：

1）太阳：99.85％。

2）类木行星：0.135％。

3）类地行星：0.000 6％。

4）卫星：0.000 05％ 。

1.2 坐标系

在介绍坐标系之前，先引出“天球”的概念。这是天文学上的一个古老的概念，在轨道力学中也经常用到。古代的人们在研究自然天体的运动时是无法直接观测到它们的距离的，可以观测到的只是它们的方向，为了描述它们的位置及其变化，可以设想它们都位于一个半径相同的球面上，通常将半径取为一个单位长度，这就是“天球”的概念。天球的球心可以根据需要来选取，它既可以是地心，也可以是任意的观测点，还可以是日心。

有三个基本的坐标系是经常用到的，它们是地心惯性坐标系、地心固连坐标系及地平坐标系，此外还有一个常用的中间坐标系——轨道坐标系。

1.2.1 地心惯性坐标系

地心惯性坐标系在国际上用 ECI 表示，有时也称为赤道惯性坐标系或天球赤道坐标系。描述地球卫星在惯性空间中的运动都采用该坐标系，它的原点取在地球的质心，基本平面 XOY 与地球的赤道平面重合，Z 轴为地球自转轴并指向北极，X 轴指向春分点。春分点是每年春分时刻太阳在赤道上所处的方向。Y 轴根据右手坐标系的法则确定（见图 1-1）。

卫星在地心惯性坐标系中的方向用赤经 α 和赤纬 δ 来表示，赤经是卫星所处的子午线相对于春分点的角距，自西向东度量，赤纬是地心与卫星的连线与赤道的角距，北纬为正，南纬为负。

由于地球旋转轴相对于黄极存在一个周期约为 25 800 年的进动，地心惯性坐标系的坐标轴在惯性空间中将每年产生约 50 弧秒向西的缓慢运动，因此这个惯性系的定义还必须与某个参考时刻相关联。

春分点是由地球的赤道平面和黄道面的交线来定义的，赤道面又定义为与地球极轴垂直的平面。因此这两个平面的运动也导致了

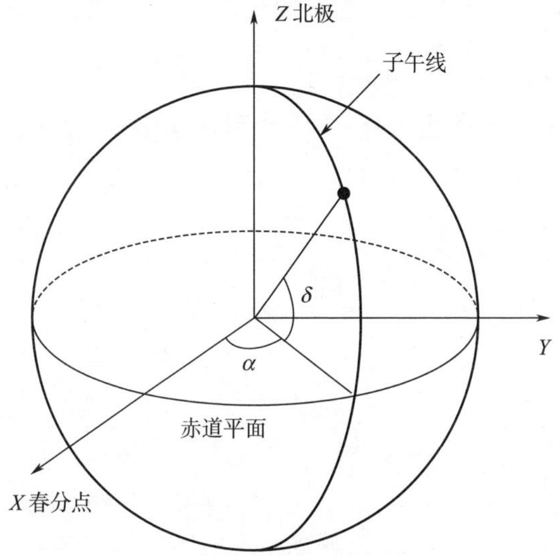

图 1-1　地心惯性坐标系

春分点的运动。地球赤道面的运动是因太阳和月球两者对赤道的凸起部分的引力作用产生的，包括两部分的运动：日月进动（日月岁差）和章动，日月进动是地球赤道的平极绕黄极所显现的平滑的向西的长周期转动，周期约 25 800 年，平均每年约 50 弧秒。章动是地球赤道的真极绕平极的短周期的运动，变化的幅度约为 9 弧秒，周期是 18.6 年。黄道的变化也就是地球的平均轨道平面的变化，它是由行星对地球的引力作用产生的，引起黄道面的缓慢旋转，称为行星进动（行星岁差），其结果是春分点每个世纪向东运动约 12 弧秒，黄赤夹角每个世纪减小约 47 弧秒。在天文学中将赤道和黄道的进动称为一般进动，认为可以与章动分开考虑，因此引出“平赤道”和“平春分点”的概念，将章动考虑进去后便可得到“真赤道”和“真春分点”。

下面给出从 J2000.0 到任一其他时刻的平坐标系的变换[1]。

儒略日的历元 JE（Julian Epoch）的习惯表达式为

$$JE = 2\ 000.0 + \frac{JED - 2\ 451\ 545.0}{365.25}$$

式中，JED（Julian Ephemeris Date）是儒略星历日，即儒略日 JD（Julian Date）。儒略日 2 451 545.0 对应于 2000 年 1 月 1 日 12 时（J2000.0）的儒略日。

记

$$\boldsymbol{R}_z(\alpha) = \begin{bmatrix} \cos\alpha & \sin\alpha & 0 \\ -\sin\alpha & \cos\alpha & 0 \\ 0 & 0 & 1 \end{bmatrix}$$

$$\boldsymbol{R}_x(\alpha) = \begin{bmatrix} 1 & 0 & 0 \\ 0 & \cos\alpha & \sin\alpha \\ 0 & -\sin\alpha & \cos\alpha \end{bmatrix}$$

从历元 E_1 到 E_2 平坐标系转换可以顺序进行三次旋转来实现，它们是：

1) $\boldsymbol{R}_z(90° - \zeta_0)$ 。关于初始的 Z 轴的旋转，将 X 轴转到 E_2 时刻的平赤道的升交点。

2) $\boldsymbol{R}_x(\theta_p)$ 。关于新的 X 轴的旋转，将初始的赤道平面转到 E_2 时刻的赤道平面。

3) $\boldsymbol{R}_z(90° + \xi_p)$ 。关于新的 Z 轴的旋转，将 X 轴转到初始平赤道的降交点。

其中的进动参数 ζ_0，θ_p，ξ_p 是一组与时间有关的角度，它们是

$$\zeta_0 = (2\ 306''.218\ 1 + 1''.396\ 56T - 0''.000\ 139T^2)t + (0''.301\ 88 - 0''.000\ 344T)t^2 + 0''.017\ 998t^3$$

$$\theta_p = (2\ 004''.310\ 9 - 0''.853\ 30T - 0''.000\ 217T^2)t + (-0''.426\ 65 - 0''.000\ 217T)t^2 - 0''.041\ 833t^3$$

$$\xi_p = (2\ 306''.218\ 1 + 1''.396\ 56T - 0''.000\ 139T^2)t + (1''.094\ 68 + 0''.000\ 066T)t^2 + 0''.018\ 203t^3$$

其中

$$T = \frac{E_1 - 2\ 451\ 545.0}{36\ 525}$$

式中　t —— E_2 到 E_1 的儒略世纪数；

T —— E_1 到历元时刻 J2000.0 的儒略世纪数。

因此，从 E_1 到 E_2 的全部的进动所涉及的矩阵可以表示为

$$\boldsymbol{A}=\boldsymbol{R}_z(-90^\circ-\xi_p)\boldsymbol{R}_x(\theta_p)\boldsymbol{R}_z(90^\circ-\zeta_0)=[a_{ij}]$$

如果用 $\boldsymbol{R}_1$ 表示初始坐标，$\boldsymbol{r}_2$ 表示最终的坐标，则两者的关系可以表示成

$$\boldsymbol{r}_2=\boldsymbol{A}\boldsymbol{R}_1$$

矩阵 $\boldsymbol{A}$ 中元素的具体表达式为

$$a_{11}=-\sin\zeta_0\sin\xi_p+\cos\zeta_0\cos\xi_p\cos\theta_p$$

$$a_{12}=-\cos\zeta_0\sin\xi_p-\sin\zeta_0\cos\xi_p\cos\theta_p$$

$$a_{13}=-\cos\xi_p\sin\theta_p$$

$$a_{21}=\sin\zeta_0\cos\xi_p+\cos\zeta_0\sin\xi_p\cos\theta_p$$

$$a_{22}=\cos\zeta_0\cos\xi_p-\sin\zeta_0\sin\xi_p\cos\theta_p$$

$$a_{23}=-\sin\xi_p\sin\theta_p$$

$$a_{31}=\cos\zeta_0\sin\theta_p$$

$$a_{32}=-\sin\zeta_0\sin\theta_p$$

$$a_{33}=\cos\theta_p$$

1.2.2　地心固连坐标系

地球相对于地心惯性坐标系是旋转的，每天旋转一圈，如果我们要考察卫星相对于地面的运动，例如要知道卫星每时每刻的地心经纬度，则更为方便的是采用与地球固连在一起的坐标系。地心固连坐标系在国际上表示为 ECF，它与地心惯性坐标系唯一的区别是主轴 X 固定地指向格林尼治子午线的方向，这里用 X_G 来表示（见图 1－2）。

卫星在地心固连坐标系中的方向用地心经度（与地理经度相同）λ 和地心纬度 ϕ 表示。地心惯性坐标系和地心固连坐标系之间的关系比较简单，表示为

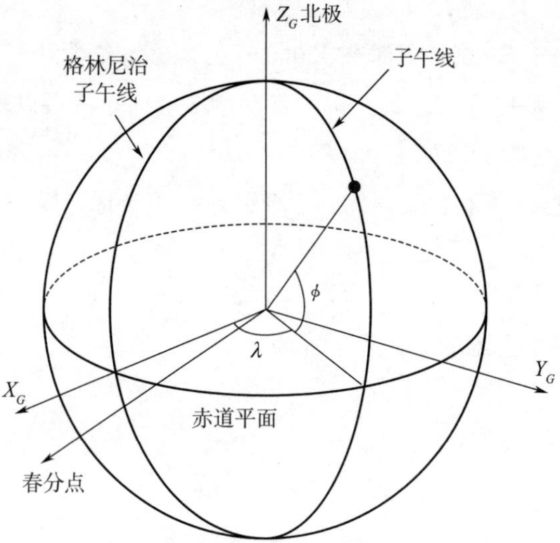

图 1-2　地心固连坐标系

$$\begin{bmatrix} X_G \\ Y_G \\ Z_G \end{bmatrix} = \begin{bmatrix} \cos S_G & \sin S_G & 0 \\ -\sin S_G & \cos S_G & 0 \\ 0 & 0 & 1 \end{bmatrix} \begin{bmatrix} X \\ Y \\ Z \end{bmatrix} \tag{1-1}$$

式中，S_G 称为格林尼治恒星时角，也就是格林尼治子午线的赤经。

1.2.3　地平坐标系

如果从地面的某个观测点来观测卫星，这时用来描述卫星位置的坐标系最方便的是地平坐标系，它的原点是观测点，基本平面 xOy 是地平面。z 轴指向天顶，即由地心指向观测点的方向，x 轴指向南，y 轴指向东（见图 1-3）。

卫星在地平坐标系中的位置常用方位角 A 、仰角 E 和斜距 ρ 来表示。方位角是从北按顺时针方向度量的，因此正北为 0°，正东为 90°，正南为 180°。卫星的直角坐标与方位角、仰角及斜距的关系为

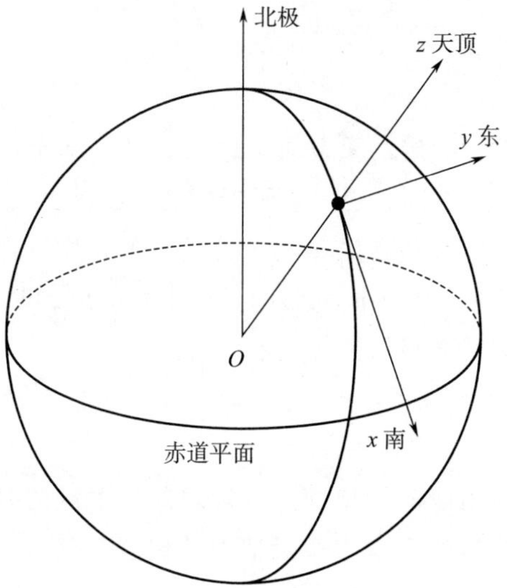

图 1-3　地平坐标系

$$\rho=\sqrt{x^{2}+y^{2}+z^{2}},\ E=\arctan\frac{z}{\sqrt{x^{2}+y^{2}}},\quad \left.\begin{aligned}\cos A&=\frac{-x}{\sqrt{x^{2}+y^{2}}}\\ \sin A&=\frac{y}{\sqrt{x^{2}+y^{2}}}\end{aligned}\right\} \tag{1-2}$$

如果把地球近似为球形，并假定观测点在地面上，其地心经纬度分别为 λ 和 ϕ，则由地心固连坐标系到地平坐标系的转换表达式为

$$\begin{bmatrix}x\\y\\z\end{bmatrix}=\begin{bmatrix}0&0&-1\\0&1&0\\1&0&0\end{bmatrix}\begin{bmatrix}\cos\phi&0&\sin\phi\\0&1&0\\-\sin\phi&0&\cos\phi\end{bmatrix}\begin{bmatrix}\cos\lambda&\sin\lambda&0\\-\sin\lambda&\cos\lambda&0\\0&0&1\end{bmatrix}\begin{bmatrix}X_G\\Y_G\\Z_G\end{bmatrix}-\begin{bmatrix}0\\0\\R\end{bmatrix} \tag{1-3}$$

式中，R 为地球的平均半径。

1.3 时间系统

时间是用某种稳定的重复现象来度量的，基于任何一种重复现象都可以产生一种时间系统。航天器轨道力学涉及若干种时间系统，而每一种时间系统都包含时刻和单位时间的长度这两个要素。对于任何瞬间发生的事件在不同的时间系统中所对应的时刻是不一样的，因此需要知道它们之间的转换关系。

1.3.1 恒星时

恒星时是利用地球自转这一重复现象来度量的时间系统。由于遥远的恒星在浩瀚的宇宙中相对地球的位置是基本不变的，从自转的地球上来看，特定的恒星在地心天球上的同一子午线上将重复出现，这个重复出现的时间间隔定义为一个恒星日。

为了定义恒星时的时刻，需要引出“时角”的概念。地球上某个观测点的子午线与地心天球上某个恒星或参考点之间的角度称为该观测点的该恒星或参考点的时角，从该子午线向西度量为正。所以时角是用来量化地球相对于惯性空间的方位的。某地的地方恒星时（时刻）定义为该地的春分点的时角。在一个恒星日内恒星时从 0 时增加到 24 时，0 时是春分点位于该地子午线的时刻。图 1 - 4 给出了格林尼治恒星时 S_G 的图示。

恒星时是一个基础性的时间系统，利用它可以精确地研究地球自转的变化情况，这是其他时间系统不可代替的。

1.3.2 平太阳时

对于人们的日常生活来说，恒星时显然是不方便的，更为方便的是以太阳为参考点的太阳时系统。太阳时完全可以仿照恒星时的方式来定义，但由于太阳这颗特殊的恒星离地球相对来说较近，地球绕着太阳公转，而且地球的自转轴不垂直于公转平面，这就带来

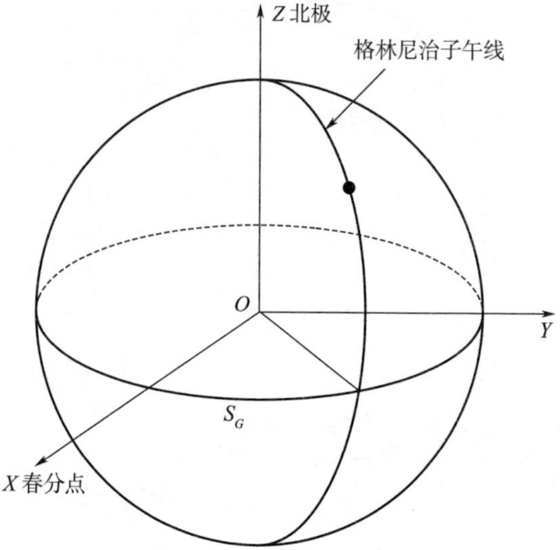

图 1-4　格林尼治恒星时

了一些需要解决的问题。

首先，由于地球自转轴的倾斜，地球相对于太阳旋转一圈的时间间隔在不同时间是不一样的，如果简单地将这个时间间隔规定为一个太阳日显然是不合适的。为了解决这个问题引出了“平太阳”的概念。平太阳是一个假想的太阳，从地球上来看它沿赤道以固定的角速度运行，但周期与真太阳的运行周期相同。相对于这个假想的平太阳作参考点类似于恒星时那样来定义的时间称为平太阳时，即地球相对平太阳旋转一圈的时间间隔为一个平太阳日。由于地球绕太阳公转，一个平太阳日的时间要略长于一个恒星日，这个事实可以用图 1-5 来说明。

如果地球在其轨道上开始时处于 E_1 位置，地球上的观测者处于 O_1 位置，当地球相对恒星旋转一圈后到达 E_2 时观测者将处于 O_2 位置，这时恰好过了一个恒星日，但地球相对于太阳的旋转还不到一圈，即还未达到一个平太阳日，必须再旋转一个角度，当观测者到达 O_3 位置才完成了相对于太阳的一整圈。地球绕太阳公转一圈的时

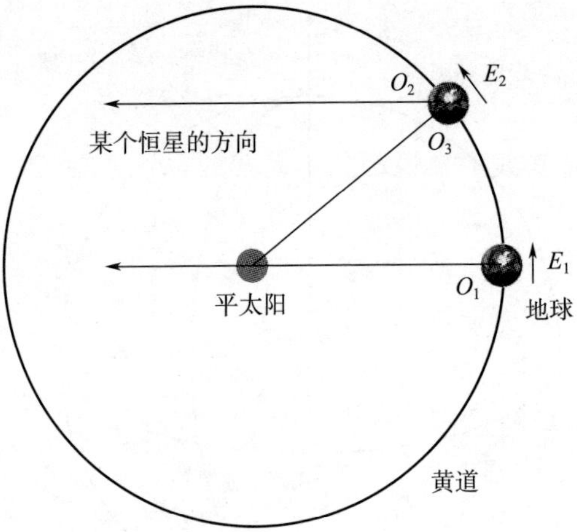

图 1-5 平太阳时与恒星时的关系

间内地球相对太阳自转 365.242 2 圈，即 365.242 2 个平太阳日，而相对恒星恰好旋转了 366.242 2 圈，因此

1 个平太阳日＝恒星时的 24 小时 03 分 56.555 4 秒

1 个恒星日＝平太阳时的 23 小时 56 分 04.090 5 秒

平太阳是一个假想的星体，它在天球上与真太阳的位置是不同的。真太阳的时角与平太阳的时角之差称为时差（Equation of Time)，在一年内这个时差最大可达 16 分 33 秒。

为了便于日常生活和工作的应用，在平太阳时的基础上，又定义了格林尼治平时 GMT（Greenwich Mean Time）或世界时（UT）的时间概念

GMT＝格里尼治平太阳时±12（h）

1.3.3 历书时和力学时

在航天以及其他的很多领域中都经常用到自然天体（如太阳、月亮等）的星历表，即它们在某个时刻的位置。这种星历是根据天体力学的理论计算出来的，其中的独立变量时间是一种理论的时间，它是均匀流逝的。而恒星时及平太阳时都是由地球的自转来确定的，

随着时钟精确度的不断提高，人们已经发现地球的自转是不均匀的而且有变慢的趋势。1960 年起，各国天文年历引入一种以太阳系内天体公转为基准的时间系统，称为历书时（ET）。但是历书时不论从理论上还是实践上来说都是不完善的，它不能作为真正的均匀时间标准。1976 年，国际天文学联合会决议从 1984 年起采用力学时以取代历书时。力学时是天体动力学理论及其历表所用的时间，有两种：太阳系质心力学时（Barycentric Dynamical Time，TDB）；地球力学时（Terrestrial Dynamical Time，TDT）。地球力学时的秒长与历书时的秒长一样，因此地球力学时能与过去使用的历书时相衔接，而且可以把旧历表中自变量时间由历书时改为地球力学时继续使用。地球力学时简称力学时。

1.3.4　国际原子时

力学时是建立在国际原子时（TAI）基础上的。1967 年第十三届国际度量衡会议引入新的秒长定义，即铯原子 Cs^{133} 基态的两能极间跃迁辐射的 9 192 631 770 周所经历的时间作为 1 秒的长度，称为国际制秒（SI 秒），由这种时间单位确定的时间系统称为国际原子时。国际制秒的秒长是用历书时秒度量铯原子钟频率的结果，国际原子时时刻的起算点取为 1958 年 1 月 1 日 0 时 UT1，此时原子时与世界时极为接近，仅差－0.003 9 s。国际原子时自 1972 年 1 月 1 日正式启用。

力学时与国际原子时的关系为

$$\mathrm{TDT} = \mathrm{TAI} + 32.184\ \mathrm{s}$$

力学时与世界时 UT1 的时差为

$$\Delta T = \mathrm{TDT} - \mathrm{UT1} = 32.184\ \mathrm{s} + \mathrm{TAI} - \mathrm{UT1}$$

1.3.5　协调时

由于世界时有长期变慢的趋势，世界时的时刻将日益落后于原子时。为了避免原子时与世界时产生过大偏差，1972 年起国际上发布时间多用协调时（UTC），其时间单位为原子时秒长，其时刻与世界时 UT1 的偏差保持不超过 0.9 秒，方法是在年中或年底进行跳秒，即每次调整 1 秒，又称闰秒。

参 考 文 献

[1] Mathematics Theory of Goddard Trajectory determination System NASA - TM - 71106.

附录　关于时间的更详细的资料（仅供参考）

TIME SCALES

By Paul Schlyter，Stockholm，Sweden

email：pausch@stjarnhimlen. se　WWW：http：//stjarnhimlen. se/

The different time scales

TAI = International Atomic Time (Temps Atomique International = TAI) is defined as the weighted average of the time kept by about 200 atomic clocks in over 50 national laboratories worldwide. TAI - UT1 was approximately 0 on 1958 Jan 1.

UTC = Coordinated Universal Time. Differs from TAI by an integral number of seconds. When needed，leap seconds are introduced in UTC to keep the difference between UTC and UT less than 0. 9 s. UTC was introduced in 1972.

UT = Universal time. Defined by the Earth's rotation，formerly determined by astronomical observations but today GPS satellites are used instead. This time scale is slightly irregular. There are several different definitions of UT，but the difference between them is always less than about 0. 03 s.

UT0 = "raw"，uncorrected UT as derived from meridian circle observations or from more modern methods involving GPS satellites.

UT1 = UT0 corrected for polar wandering - usually one means UT1 when saying UT.

UT2 = UT1 corrected for seasonal variations in the Earth's rotational speed, by adding

+ 0.022 * sin(2 * pi * t) − 0.017 * cos(2 * pi * t)
− 0.007 * sin(4 * pi * t) + 0.006 * cos(4 * pi * t)

seconds to UT1, where t is the fraction of the year (zero at 1 Jan). UT2 is nowadays considered obsolete.

ET = Ephemeris Time. Was used 1960—1983, and was replaced by TDT and TDB in 1984. For most purposes, ET up to 1983 Dec 31 and TDT from 1984 Jan 1 can be regarded as a continuous time - scale.

TDT = Terrestial Dynamical Time. Was used 1984—2000 as a time - scale of ephemerides from the Earth's surface. TDT = TAI + 32.184. Replaced ET (Ephemeris Time) in 1984, was replaced by TT (Terrestial Time)in 2001.

TDB = Barycentric Dynamical Time. Used as a time - scale of ephemerides referred to the barycentre of the solar system. Differs from TDT by at most a few milliseconds.

TDB = TT + 0.001 658s * sin(g) + 0.000 014s * sin(2 * g)

g = 357.53_d + 0.985 600 28_d * (JD − 2 451 545.0)

(higher order terms neglected; g = Earth's mean anomaly)

TT = Terrestial Time. Originally used instead of TDT or TDB when the difference between them didn't matter. Was defined in 1991 to be consistent with the SI second and the General Theory of Relativity. Replaced TDT in the ephemerides from 2001 and on.

TCG = Geocentric Coordinate Time. Defined in 1991 along with TT

TCB = Barycentric Coordinate Time. Defined in 1991 along with TT delta－T ＝

ET － UT　prior to 1984

TDT － UT　1984 － 2000

TT － UT　from 2001 and on

delta－UT ＝　UT － UTC

DUT ＝ predicted value of delta－UT，rounded to 0. 1s，given in some radio time signals.

GPS time ＝ TAI － 19 seconds. GPS time matched UTC from 1980－01－01 to 1981－07－01. No leap seconds are inserted into GPS time，thus GPS time is 13 seconds ahead of UTC on 2000－01－01. The GPS epoch is 00:00 (midnight) UTC on 1980－01－06. The differences between GPS Time and International Atomic Time (TAI) and Terrestrial Time (TT)，also know as Terrestrial Dynamical Time(TDT)，are constant at the level of some tens of nanoseconds while the difference between GPS Time and UTC changes in increments of seconds each time a leap second is added to UTC time scale.

GPS week ＝ a numbering of weeks starting at the GPS epoch 1980－01－06 00:00 GPS time (which back then was equal to UTC). Weeks are numbered from 0 and up until 1 023，then it "rolls back" to 0 and are again numbered from 0 and up，etc. One GPS week roll over cycle is therefore 1 024 weeks ＝ 7 168 days ＝ ca 19. 62 years. So far there's been one such GPS week number roll－over，on 1999－

08-22 00:00 GPS time — a few older GPS receivers then ceased to show the correct date.

```
                                              ET 1960-1983
                                             TDT 1984-2000

UTC  1972-    GPS 1980-      TAI  1958-                  TT 2001-
--+-------------+---------------+-------------------------+----
  |             |               |                         |
  |<----- TAI-UTC ------------->|<--- TAI-UTC --->|
  |             |               |     32.184s fixed       |
  |<GPS-UTC>|<- TAI-GPS ->|                                |
  |             |    19s fixed  |                           |
  |                                                         |
<> delta-UT = UT1-UTC                                      |
  | (max 0.9 s)                                             |
--+-------------+---------------+-------------------------+----
  |<------------ delta-T = TT-UT1 ------------------------>|
 UT1 (UT)                                            TT/TDT/ET
```

Older time scales:

GMT = Greenwich Mean Time. It's ambiguous, and is now used (although not in astronomy) in the sense of UTC in addition to the earlier sense of UT (in astronomical navigation, GMT still means UT). Prior to 1925, GMT was reckoned for astronomical purposes from Greenwich mean noon (12h UT) to avoid a date change in the middle of the night in

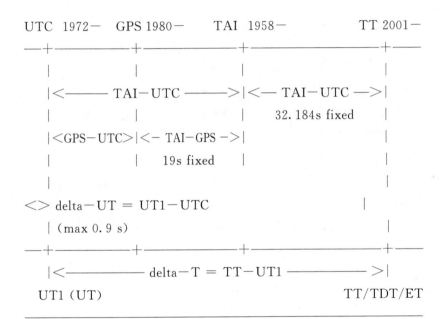

Europe — a new GMT date then started 12 hours after the start of the corresponding civil date. (Prior to 1805 the Royal Navy Day started 12 hour before local mean solar time, thus the Royal Navy Day was then approx. 24 hours ahead of GMT).

GCT = Greenwich Civil Time. Used in the US from 1925 to mean the "new" GMT starting at Greenwich mean midnight, to distinguish it from the "old" GMT. When UT was adopted, GCT fell out of use.

LMT = Local Mean Time. The mean solar time at the local meridian.

LCT = Local Civil Time, the same as LMT. Used in the US together with GCT.

Delta−T

delta−T varies continuously, depending on the Earth's rotation.

UT1 is variable with respect to UTC. Leap seconds were introduced in UTC to keep delta−UT within +−0.9s.

TAI−UTC is always an integral number of seconds, and is varied when leap seconds are added (or removed, but that hasn't happened yet) at the end of every year, or every half−year, or every third month, in that order of priority.

Table of time scales 1972−present, and some predictions

TT = TAI+32.184s ==> UT−UTC = TAI−UTC − (TT−UT) + 32.184s

Starting at	TAI－UTC	GPS－UTC	TT－UT1	UT1－UTC
1972－01－01	＋10	—	＋42.23	－0.05
1972－07－01	＋11	—	＋42.80	＋0.38
1973－01－01	＋12	—	＋43.37	＋0.81
1973－07－01	"	—	＋43.93	＋0.25
1974－01－01	＋13	—	＋44.49	＋0.69
1974－07－01	"	—	＋44.99	＋0.19
1975－01－01	＋14	—	＋45.48	＋0.70
1975－07－01	"	—	＋45.97	＋0.21
1976－01－01	＋15	—	＋46.46	＋0.72
1976－07－01	"	—	＋46.99	＋0.19
1977－01－01	＋16	—	＋47.52	＋0.66
1977－07－01	"	—	＋48.03	＋0.15
1978－01－01	＋17	—	＋48.53	＋0.65
1978－07－01	"	—	＋49.06	＋0.12
1979－01－01	＋18	—	＋49.59	＋0.59
1979－07－01	"	—	＋50.07	＋0.11
1980－01－01	＋19	0	＋50.54	＋0.64
1980－07－01	"	"	＋50.96	＋0.22
1981－01－01	"	"	＋51.38	－0.20
1981－07－01	＋20	1	＋51.78	＋0.40
1982－01－01	"	"	＋52.17	＋0.01
1982－07－01	＋21	2	＋52.57	＋0.61
1983－01－01	"	"	＋52.96	＋0.22
1983－07－01	＋22	3	＋53.38	＋0.80
1984－01－01	"	"	＋53.79	＋0.39
1984－07－01	"	"	＋54.07	＋0.11
1985－01－01	"	"	＋54.34	－0.16

1985—07—01	+23	4	+54.61	+0.57
1986—01—01	"	"	+54.87	+0.31
1986—07—01	"	"	+55.10	+0.08
1987—01—01	"	"	+55.32	−0.14
1987—07—01	"	"	+55.57	−0.39
1988—01—01	+24	5	+55.82	+0.36
1988—07—01	"	"	+56.06	+0.12
1989—01—01	"	"	+56.30	−0.12
1989—07—01	"	"	+56.58	−0.40
1990—01—01	+25	6	+56.86	+0.32
1990—07—01	"	"	+57.22	−0.04
1991—01—01	+26	7	+57.57	+0.61
1991—07—01	"	"	+57.94	+0.24
1992—01—01	"	"	+58.31	−0.13
1992—07—01	+27	8	+58.72	+0.46
1993—01—01	"	"	+59.12	+0.06
1993—07—01	+28	9	+59.55	+0.63
1994—01—01	"	"	+59.98	+0.20
1994—07—01	+29	10	+60.38	+0.80
1995—01—01	"	"	+60.78	+0.40
1995—07—01	"	"	+61.20	−0.02
1996—01—01	+30	11	+61.63	+0.55
1996—07—01	"	"	+61.96	+0.22
1997—01—01	"	"	+62.29	−0.11
1997—07—01	+31	12	+62.63	+0.55
1998—01—01	"	"	+62.97	+0.21
1998—07—01	"	"	+63.22	−0.04
1999—01—01	+32	13	+63.47	+0.71
1999—07—01	"	"	+63.66	+0.52

2000—01—01	"	"	+63.82	+0.36
2000—07—01	"	"	+63.98	+0.20
2001—01—01	"	"	+64.09	+0.09
2001—07—01	"	"	+64.20	−0.02
2002—01—01	"	"	+64.30	−0.12
2002—07—01	"	"	+64.41	−0.23
2003—01—01	"	"	+64.47	−0.29
2003—07—01	"	"	+64.55	−0.37
2004—01—01	"	"	+64.57	−0.39
2004—07—01	"	"	+64.65	−0.47
2005—01—01	"	"	+64.68	−0.50
2005—07—01	"	"	+64.80	−0.62
2006—01—01	+33	14	+64.85	+0.33
2006—07—01	"	"	+64.99	+0.19
2007—01—01	"	"	+65.15	+0.03
2007—07—01	"	"	+65.34	−0.16
2008—01—01	"	"	+65.45	−0.27
2008—07—01	"	"	+65.63	−0.45
2009—01—01	+34	14	+65.70	+0.48 (pred)
2010—01—01	"	"	+66.5	−0.3 (pred)
2011—01—01	?	?	+67.1	
2012—01—01	?	?	+68	

(last updated 2009—01—01)

Delta—T 1620—1972

delta—T = ET − UT for the years 1620 − 1972

ET—UT, s

Year	+0.0	+1.0	+2.0	+3.0	+4.0
1620	+124	+119	+115	+110	+106
1625	+102	+98	+95	+91	+88
1630	+85	+82	+79	+77	+74
1635	+72	+70	+67	+65	+63
1640	+62	+60	+58	+57	+55
1645	+54	+53	+51	+50	+49
1650	+48	+47	+46	+45	+44
1655	+43	+42	+41	+40	+38
1660	+37	+36	+35	+34	+33
1665	+32	+31	+30	+28	+27
1670	+26	+25	+24	+23	+22
1675	+21	+20	+19	+18	+17
1680	+16	+15	+14	+14	+13
1685	+12	+12	+11	+11	+10
1690	+10	+9	+9	+9	+9
1695	+9	+9	+9	+9	+9
1700	+10	+9	+9	+9	+9
1705	+9	+9	+9	+10	+10
1710	+10	+10	+10	+10	+10
1715	+10	+10	+11	+11	+11
1720	+11	+11	+11	+11	+11
1725	+11	+11	+11	+11	+11
1730	+11	+11	+11	+11	+12
1735	+12	+12	+12	+12	+12
1740	+12	+12	+12	+12	+13
1745	+13	+13	+13	+13	+13
1750	+13	+14	+14	+14	+14

1755	+14	+14	+14	+15	+15
1760	+15	+15	+15	+15	+15
1765	+16	+16	+16	+16	+16
1770	+16	+16	+16	+16	+16
1775	+17	+17	+17	+17	+17
1780	+17	+17	+17	+17	+17
1785	+17	+17	+17	+17	+17
1790	+17	+17	+16	+16	+16
1795	+16	+15	+15	+14	+14
1800	+13.7	+13.4	+13.1	+12.9	+12.7
1805	+12.6	+12.5	+12.5	+12.5	+12.5
1810	+12.5	+12.5	+12.5	+12.5	+12.5
1815	+12.5	+12.5	+12.4	+12.3	+12.2
1820	+12.0	+11.7	+11.4	+11.1	+10.6
1825	+10.2	+9.6	+9.1	+8.6	+8.0
1830	+7.5	+7.0	+6.6	+6.3	+6.0
1835	+5.8	+5.7	+5.6	+5.6	+5.6
1840	+5.7	+5.8	+5.9	+6.1	+6.2
1845	+6.3	+6.5	+6.6	+6.8	+6.9
1850	+7.1	+7.2	+7.3	+7.4	+7.5
1855	+7.6	+7.7	+7.7	+7.8	+7.8
1860	+7.88	+7.82	+7.54	+6.97	+6.40
1865	+6.02	+5.41	+4.10	+2.92	+1.81
1870	+1.61	+0.10	−1.02	−1.28	−2.69
1875	−3.24	−3.64	−4.54	−4.71	−5.11
1880	−5.40	−5.42	−5.20	−5.46	−5.46
1885	−5.79	−5.63	−5.64	−5.80	−5.66
1890	−5.87	−6.01	−6.19	−6.64	−6.44
1895	−6.47	−6.09	−5.76	−4.66	−3.74

1900	−2.72	−1.54	−0.02	+1.24	+2.64
1905	+3.86	+5.37	+6.14	+7.75	+9.13
1910	+10.46	+11.53	+13.36	+14.65	+16.01
1915	+17.20	+18.24	+19.06	+20.25	+20.95
1920	+21.16	+22.25	+22.41	+23.03	+23.49
1925	+23.62	+23.86	+24.49	+24.34	+24.08
1930	+24.02	+24.00	+23.87	+23.95	+23.86
1935	+23.93	+23.73	+23.92	+23.96	+24.02
1940	+24.33	+24.83	+25.30	+25.70	+26.24
1945	+26.77	+27.28	+27.78	+28.25	+28.71
1950	+29.15	+29.57	+29.97	+30.36	+30.72
1955	+31.07	+31.35	+31.68	+32.18	+32.68
1960	+33.15	+33.59	+34.00	+34.47	+35.03
1965	+35.73	+36.54	+37.43	+38.29	+39.20
1970	+40.18	+41.17	+42.23		

第 2 章　二体问题

在介绍了基本的坐标系和时间系统以后，就可以来描述卫星的运动了。人造地球卫星的真实的运动是复杂的，它受到的主要作用力是地球引力，此外还有大气阻力，太阳、月亮的引力，太阳的光压力，地球的潮汐力，对于更精确的描述还要考虑相对论效应。在研究物体运动时，一种通用的办法是列出运动的微分方程，然后去寻找方程的解。如果无法得到解析解则可以用数值积分的方法去求数值解，而且卫星的运动可以看作是质点运动，运动方程的建立也没有太大的困难。卫星的运动主要是由地球引力决定的，因为地球引力比其他所有的力都大得多，所以卫星基本上是沿着一条椭圆形的轨道运动，所有别的力对它的运动只起干扰作用，并不能影响它的主要的运动特性，因此一旦卫星被发射到轨道以后，要想使轨道产生较大的变化不是一件容易的事情，必须耗费相当大的能量。由于卫星基本上是沿着一条固有的轨道运行，这大概是近来把研究卫星运动的应用理论归入“轨道力学”的主要原因。

即便只考虑地球引力，卫星运动的描述仍然是复杂的，运动的微分方程无精确的解析解；另一方面，地球基本上是一个球体，如果把它看成是质量均匀分布的球体，那么它所形成的引力场将完全等效于一个具有相同质量的质点所形成的引力场，真实的引力场与这个理想的引力场之间的差别是千分之一的量级，因此卫星运动的主要特征完全可以基于这个理想的模型来研究，这个理想问题的解的精度对于相当多的工程问题是足够的。

2.1 开普勒三定律

几个世纪以来，正确解释天体的运动对于天文观察者都是一个巨大的挑战。早期的希腊人试图将天体绕地球的运动描述成圆运动。1543年哥白尼（Nicolaus Copernicus，1473—1543）提出了以太阳为中心的日心系统，在这个系统中所有的行星都绕着太阳按圆轨道运动。最后在第谷（Tycho Brahe，1546—1601）的观测数据的帮助下，开普勒（Johannes Kepler，1571—1630）将行星绕太阳运动的轨道由圆修正为椭圆。开普勒花费了好几年的时间研究第谷对行星的观测数据与按照先前的理论预报的数据之间的差异，最后发现这些观测数据与按椭圆轨道运动的解符合得更好。开普勒在1609年发表了关于行星运动的前两个定律，1619年发表了第三个定律。这三个著名的关于行星运动的开普勒定律（也适用于地球卫星）分别为：

第一定律：行星运动的轨道是一个椭圆，太阳位于椭圆的一个焦点上；

第二定律：由太阳到行星的连线在相同的时间内扫过的面积相等；

第三定律：行星运动周期的平方与行星到太阳的平均距离的立方成正比。

2.2 二体问题的运动方程

开普勒的三定律是根据对天体运动的长期观测推断出来的，而它们又可以基于牛顿的更基本的万有引力定律和关于运动的第二定律推导出来。

对于地球卫星的情况，卫星所受到的地心引力是

$$\boldsymbol{F}=-\frac{\mu m}{r^{3}}\boldsymbol{r} \tag{2-1}$$

式中　$\boldsymbol{r}$ ——卫星相对于地心的距离；

m ——卫星的质量；

μ ——万有引力常数与地球质量的乘积。

再根据牛顿关于运动的第二定律，卫星运动的加速度 $\ddot{\boldsymbol{r}}$ 为

$$\ddot{\boldsymbol{r}}=\frac{\boldsymbol{F}}{m} \tag{2-2}$$

由式（2-1）和式（2-2）可得

$$\ddot{\boldsymbol{r}}+\frac{\mu}{r^3}\boldsymbol{r}=\boldsymbol{0} \tag{2-3}$$

这就是描述二体问题运动的最基本的微分方程。

将方程（2-3）两边点乘速度向量 $\dot{\boldsymbol{r}}$ 后得

$$\dot{\boldsymbol{r}}\cdot\ddot{\boldsymbol{r}}+\dot{\boldsymbol{r}}\cdot\frac{\mu}{r^3}\boldsymbol{r}=0 \tag{2-4}$$

记 $\boldsymbol{v}=\dot{\boldsymbol{r}}$ ，$\dot{\boldsymbol{v}}=\ddot{\boldsymbol{r}}$ ，则

$$\boldsymbol{v}\cdot\dot{\boldsymbol{v}}+\frac{\mu}{r^3}\boldsymbol{r}\cdot\dot{\boldsymbol{r}}=0 \tag{2-5}$$

根据向量运算法则 $\boldsymbol{a}\cdot\dot{\boldsymbol{a}}=a\dot{a}$ ，式（2-5）变成

$$v\dot{v}+\frac{\mu}{r^2}\dot{r}=0 \tag{2-6}$$

由于

$$\frac{\mathrm{d}}{\mathrm{d}t}\left(\frac{v^2}{2}\right)=v\dot{v},\frac{\mathrm{d}}{\mathrm{d}t}\left(c-\frac{\mu}{r}\right)=\frac{\mu}{r^2}\dot{r}$$

由此可得

$$\frac{\mathrm{d}}{\mathrm{d}t}\left(\frac{v^2}{2}+c-\frac{\mu}{r}\right)=0 \tag{2-7}$$

式（2-7）左边括号中的第一项是单位质量的动能，后边的两项是单位质量的势能，其中常数 c 是作为势能基准的参考值，这里将其取为在无穷远处（即 $r=\infty$ ）时的势能，故有 $c=\frac{\mu}{\infty}=0$。于是得到熟悉的活力积分

$$E=\frac{v^2}{2}-\frac{\mu}{r} \tag{2-8}$$

即机械能守恒定律的数学表达式。

将方程（2-3）两边同时叉乘位置向量 $\boldsymbol{r}$，则得到

$$\boldsymbol{r}\times\ddot{\boldsymbol{r}}+\boldsymbol{r}\times\frac{\mu}{r^3}\boldsymbol{r}=\boldsymbol{0}$$

因为 $\boldsymbol{r}\times\boldsymbol{r}=\boldsymbol{0}$，故上式只剩下

$$\boldsymbol{r}\times\ddot{\boldsymbol{r}}=\boldsymbol{0}$$

由此推出

$$\frac{\mathrm{d}}{\mathrm{d}t}(\boldsymbol{r}\times\dot{\boldsymbol{r}})=\dot{\boldsymbol{r}}\times\dot{\boldsymbol{r}}+\boldsymbol{r}\times\ddot{\boldsymbol{r}}=\boldsymbol{0}$$

或

$$\frac{\mathrm{d}}{\mathrm{d}t}(\boldsymbol{r}\times\boldsymbol{v})=\boldsymbol{0}$$

$\boldsymbol{r}\times\boldsymbol{v}$ 是角动量，上式积分后得到

$$\boldsymbol{r}\times\boldsymbol{v}=\boldsymbol{h} \tag{2-9}$$

其中，$\boldsymbol{h}$ 是常向量，上式即角动量守恒定律的数学表达式。

现在再将二体运动方程（2-3）的两边同时叉乘角动量 $\boldsymbol{h}$

$$\ddot{\boldsymbol{r}}\times\boldsymbol{h}+\frac{\mu}{r^3}(\boldsymbol{r}\times\boldsymbol{h})=\boldsymbol{0} \tag{2-10}$$

因为

$$\frac{\mathrm{d}}{\mathrm{d}t}(\dot{\boldsymbol{r}}\times\boldsymbol{h})=\ddot{\boldsymbol{r}}\times\boldsymbol{h}$$

故式（2-10）变成

$$\frac{\mathrm{d}}{\mathrm{d}t}(\dot{\boldsymbol{r}}\times\boldsymbol{h})+\frac{\mu}{r^3}(\boldsymbol{r}\times\boldsymbol{h})=\boldsymbol{0} \tag{2-11}$$

利用向量叉积的运算式 $\boldsymbol{a}\times\boldsymbol{b}\times\boldsymbol{c}=\boldsymbol{b}(\boldsymbol{a}\cdot\boldsymbol{c})-\boldsymbol{a}(\boldsymbol{b}\cdot\boldsymbol{c})$，可得

$$-\frac{\mu}{r^3}(\boldsymbol{r}\times\boldsymbol{h})=\frac{\mu}{r^3}(\boldsymbol{h}\times\boldsymbol{r})=\frac{\mu}{r^3}(\boldsymbol{r}\times\boldsymbol{v}\times\boldsymbol{r})=\frac{\mu}{r^3}[\boldsymbol{v}(\boldsymbol{r}\cdot\boldsymbol{r})-\boldsymbol{r}(\boldsymbol{r}\cdot\boldsymbol{v})]$$

由 $\boldsymbol{r}\cdot\boldsymbol{r}=r^2$，$\boldsymbol{r}\cdot\boldsymbol{v}=r\dot{r}$，可得

$$\frac{\mu}{r^3}(\boldsymbol{h}\times\boldsymbol{r})=\frac{\mu}{r}\boldsymbol{v}-\frac{\mu}{r^2}\dot{r}\boldsymbol{r}=\mu\ \frac{\mathrm{d}}{\mathrm{d}t}\left(\frac{\boldsymbol{r}}{r}\right)$$

再利用式（2-11）便得

$$\frac{\mathrm{d}}{\mathrm{d}t}(\dot{\boldsymbol{r}}\times\boldsymbol{h})=\mu\ \frac{\mathrm{d}}{\mathrm{d}t}\left(\frac{\boldsymbol{r}}{r}\right)$$

将上式两边积分后得

$$\dot{\boldsymbol{r}}\times\boldsymbol{h}=\mu\left(\frac{\boldsymbol{r}}{r}\right)+\boldsymbol{P} \tag{2-12}$$

积分常向量 $\boldsymbol{P}$ 是著名的拉普拉斯向量。

将式（2-12）两边同时点乘 $\boldsymbol{r}$，得

$$\boldsymbol{r}\cdot(\dot{\boldsymbol{r}}\times\boldsymbol{h})=\boldsymbol{r}\cdot\mu\left(\frac{\boldsymbol{r}}{r}\right)+\boldsymbol{r}\cdot\boldsymbol{P}$$

应用向量运算规则：$\boldsymbol{a}\cdot(\boldsymbol{b}\times\boldsymbol{c})=(\boldsymbol{a}\times\boldsymbol{b})\cdot\boldsymbol{c}$，$\boldsymbol{a}\cdot\boldsymbol{a}=a^2$，可得

$$h^2=\mu r+rP\cos f$$

最后得

$$r=\frac{\dfrac{h^2}{\mu}}{1+\dfrac{P}{\mu}\cos f} \tag{2-13}$$

式中，f 是向量 $\boldsymbol{r}$ 与 $\boldsymbol{P}$ 的夹角。

记

$$P=\frac{h^2}{\mu},\ e=\frac{P}{\mu} \tag{2-14}$$

式（2-13）可以写成

$$r=\frac{P}{1+e\cos f} \tag{2-15}$$

即标准的圆锥截线方程。

偏心率 e 小于 1 的圆锥截线是椭圆，半长轴用 a 表示，近地距 $r_P=a(1-e)$，则 $P=a(1-e^2)$，曲线方程可写成

$$r=\frac{a(1-e^2)}{1+e\cos f}$$

偏心率等于 1 的圆锥截线是抛物线，它的近地距是 $r_P = \frac{P}{2}$，曲线方程可写成

$$r = \frac{P}{1 + \cos f}$$

偏心率大于 1 的圆锥截线是双曲线，它的近地距 $r_P = a(e-1)$，则 $P = a(e^2 - 1)$，曲线方程可写成

$$r = \frac{a(e^2-1)}{1 + e\cos f}$$

这样就从理论上推导出开普勒第一定律。

下面进一步讨论拉普拉斯向量，因

$$\dot{\boldsymbol{r}} \times \boldsymbol{h} = \dot{\boldsymbol{r}} \times (\boldsymbol{r} \times \dot{\boldsymbol{r}}) = \boldsymbol{r}(\dot{\boldsymbol{r}} \cdot \dot{\boldsymbol{r}}) - \dot{\boldsymbol{r}}(\boldsymbol{r} \cdot \dot{\boldsymbol{r}}) = v^2\boldsymbol{r} - r\dot{r}\dot{\boldsymbol{r}}$$

于是

$$\boldsymbol{P} = v^2\boldsymbol{r} - r\dot{r}\dot{\boldsymbol{r}} - \mu\left(\frac{\boldsymbol{r}}{r}\right) = (v^2 - \frac{\mu}{r})\boldsymbol{r} - r\dot{r}\boldsymbol{v} \tag{2-16}$$

近地点有 $f = 0$，故 $\dot{r} = 0$，于是拉普拉斯向量的表达式（2-16）可以简化为

$$\boldsymbol{P} = \left(v_P^2 - \frac{\mu}{r_P}\right)\boldsymbol{r}_P \tag{2-17}$$

因为 $P = \mu e$

$$\frac{\boldsymbol{P}}{\mu e} = \frac{\boldsymbol{P}}{P} = \frac{\boldsymbol{r}_P}{r_P}$$

据此可以定义 $\boldsymbol{e} = \frac{\boldsymbol{P}}{\mu}$ 为偏心率向量，它指向近地点方向。

下面来证明开普勒第二定律。

根据角动量守恒定律，卫星将始终在一个不变的平面内运动。在这个轨道平面内分别以 $\boldsymbol{I}_r$ 和 $\boldsymbol{I}_f$ 表示位置向量的径向和横向的单位向量，于是有

$$\boldsymbol{r} = r\boldsymbol{I}_r$$

速度向量为

$$\dot{\boldsymbol{r}}=\dot{r}\boldsymbol{I}_r+r\dot{f}\boldsymbol{I}_f$$

角动量向量为

$$\boldsymbol{h}=\boldsymbol{r}\times\dot{\boldsymbol{r}}=r\cdot r\dot{f}(\boldsymbol{I}_r\times\boldsymbol{I}_f)$$

因此

$$h=|\boldsymbol{h}|=r^2\dot{f} \tag{2-18}$$

上式说明向量 $\boldsymbol{r}$ 在相同时间内所扫过的面积相等，这就是开普勒第二定律。

2.2.1　椭圆轨道

下面进一步讨论卫星在椭圆轨道上的运动。椭圆轨道上离地心最近的点称为近地点，最远的点称为远地点。

为了求出卫星在椭圆轨道上的位置，只需知道真近点角便可。真近点角作为时间的函数的直接表达式很难求出，需通过下述步骤来建立两者之间的关系：首先需引进偏近点角 E，它由下列方程组确定

$$\left.\begin{aligned}r\cos f&=a(\cos E-e)\\ r\sin f&=a\sqrt{1-e^2}\sin E\end{aligned}\right\} \tag{2-19}$$

偏近点角的几何意义如图 2-1 所示。

利用式（2-19）可求得

$$r=a(1-e\cos E) \tag{2-20}$$

$$\dot{r}=ae\sin E\dot{E} \tag{2-21}$$

$$\dot{E}=\frac{\dot{r}}{ae\sin E}=\frac{\sqrt{\frac{\mu}{P}}e\sin f}{ae\sin E}=\frac{\sqrt{\frac{\mu}{P}}e\sin f}{\frac{re\sin f}{\sqrt{1-e^2}}}=\sqrt{\frac{\mu}{a}}\frac{1}{r} \tag{2-22}$$

由式（2-20）和式（2-22）可得

$$(1-e\cos E)\dot{E}=\sqrt{\frac{\mu}{a^3}} \tag{2-23}$$

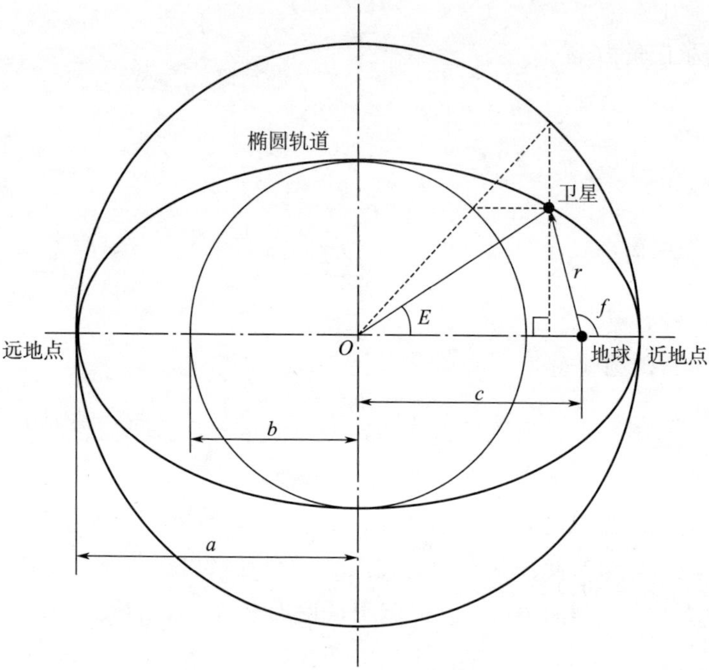

图 2-1 偏近点角的几何意义

对方程（2-23）求积分可得著名的开普勒方程

$$E - e\sin E = \sqrt{\frac{\mu}{a^3}}(t-\tau) \tag{2-24}$$

式中，τ 是新的积分常数，称为过近地点的时刻。记

$$n = \sqrt{\frac{\mu}{a^3}} \tag{2-25}$$

式中，n 是平均角速度，正式的名称是平均运动（mean motion）。

若把卫星在椭圆轨道上的运行周期记为 T，则有

$$T = \frac{2\pi}{n} = 2\pi\sqrt{\frac{a^3}{\mu}} \tag{2-26}$$

由关系式（2-26）可以看出，卫星运动周期的平方与半长轴的立方成正比，无论轨道的形状如何，只要半长轴相同其周期也相同。

这就是开普勒第三定律。

为了便于研究问题，还需引出平近点角 M 的概念

$$M = n(t - \tau) \tag{2-27}$$

平近点角的物理意义是卫星从近地点出发后若以平均角速度运动所运行的角度。

定义了平近点角以后，开普勒方程可写成如下标准形式

$$E - e\sin E = M \tag{2-28}$$

已知轨道参数来计算卫星的运动状况时，首先求出平近点角 M ，这是很容易的，但紧接着就要解开普勒方程求出偏近点角。开普勒方程是超越方程，关于它的解法有很多研究，这里不做介绍。常用的方法是迭代法，特别是对于小偏心率的轨道，这种迭代法是很有效的，具体的做法是将其表示为

$$E = M + e\sin E \tag{2-29}$$

迭代的起步是将方程右边的 E 用 M 来代替以便求出偏近点角的第一次近似，然后再进行若干次迭代来求出满足要求的近似解。

到此为止我们已经完整地解决了卫星在轨道平面内的位置问题，下面再解算速度问题。由式（2-15）及式（2-16），很容易得到卫星运动的横向速度 v_f

$$v_f = r\dot{f} = \frac{h}{r} = \sqrt{\frac{\mu}{P}}(1 + e\cos f) \tag{2-30}$$

及径向速度 v_r

$$v_r = \dot{r} = \sqrt{\frac{\mu}{P}}e\sin f \tag{2-31}$$

于是总的速度 v 可根据下式求出

$$\begin{aligned} v^2 &= \dot{r}^2 + (r\dot{f})^2 = \frac{\mu}{P}(e^2\sin^2 f + 1 + 2e\cos f + e^2\cos^2 f) \\ &= \frac{\mu}{P}[2(1 + e\cos f) - (1 - e^2)] = \mu\left(\frac{2}{r} - \frac{1}{a}\right) \end{aligned} \tag{2-32}$$

由这个表达式可以清楚地看出，卫星速度在近地点最大，远地点

最小。

将上式稍作变化即得到机械能守恒定律的数学表达式

$$\frac{1}{2}v^2-\frac{\mu}{r}=-\frac{\mu}{2a} \tag{2-33}$$

在讨论完平面内的运动后继续分析在三维惯性空间中的运动。这时我们需要用到地心惯性坐标系（见图 2-2）。

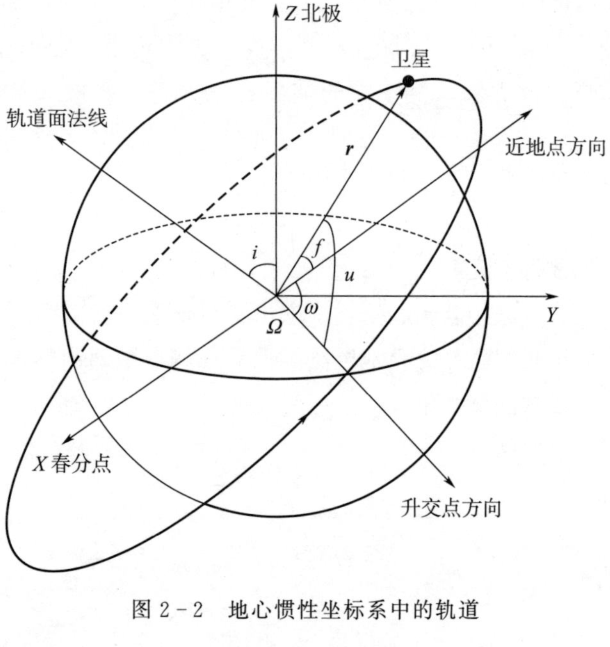

图 2-2　地心惯性坐标系中的轨道

现在要解决的是如何描述轨道在惯性空间中的定向。为此将地心惯性坐标系中三个坐标轴的单位向量分别表示为 $\hat{\boldsymbol{i}}$, $\hat{\boldsymbol{j}}$, $\hat{\boldsymbol{k}}$ 。轨道平面是要与赤道平面相交的，这条交线指向两个方向，卫星由南半球运行到北半球的过程中穿过赤道平面时的那个点称为升交点，将升交点的赤经记为 Ω ，称为升交点赤经；基于卫星的运动方向可以将轨道平面看成是有向平面，用右旋规则定义轨道面的法线，将这条法线与地球旋转轴（ Z 轴）的夹角称为轨道倾角，记为 i 。Ω 和 i

这两个参数完全确定了轨道在空间中的定向。为了进一步确定椭圆轨道在平面内的定向，还需引出另外一个参数 ω ，它是轨道的近地点距离升交点的角距，称为近地点幅角。图中的 u 称为纬度幅角，它描述卫星在某指定时刻 t 的角位置，是卫星距离升交点的角距，因此 $u = f + \omega$ ，f 是真近点角。

为了完全求出二体问题的解，还需给出 Ω ，i ，ω 与 $\boldsymbol{r}$ 及 $\dot{\boldsymbol{r}}$ 的关系。为此记升交点方向的单位向量为 $\hat{\boldsymbol{n}}$ ，角动量的单位向量为 $\hat{\boldsymbol{h}}$ ，偏心率的单位向量为 $\hat{\boldsymbol{e}}$ ，于是

$$i = \arccos(\hat{\boldsymbol{k}} \cdot \hat{\boldsymbol{h}}) \tag{2-34}$$

$$\hat{\boldsymbol{n}} = \frac{\hat{\boldsymbol{k}} \times \hat{\boldsymbol{h}}}{|\hat{\boldsymbol{k}} \times \hat{\boldsymbol{h}}|} \tag{2-35}$$

$$\cos\Omega = \hat{\boldsymbol{i}} \cdot \hat{\boldsymbol{n}},\ \sin\Omega = \hat{\boldsymbol{j}} \cdot \hat{\boldsymbol{n}} \tag{2-36}$$

$$\cos\omega = \hat{\boldsymbol{n}} \cdot \hat{\boldsymbol{e}},\ \sin\omega = \hat{\boldsymbol{n}} \cdot (\hat{\boldsymbol{e}} \times \hat{\boldsymbol{h}}) \tag{2-37}$$

上式所需的 $\hat{\boldsymbol{h}}$ 已经给出。对应时刻的位置向量 $\boldsymbol{r}$ 和纬度幅角 u 可以由下列关系式求出

$$\cos u = \hat{\boldsymbol{n}} \cdot \hat{\boldsymbol{r}},\ \sin u = \hat{\boldsymbol{n}} \cdot (\hat{\boldsymbol{r}} \times \hat{\boldsymbol{h}})$$

真近点角 f 可以由下列关系式求出

$$e\cos f = \frac{P}{r} - 1, e\sin f = \dot{r}\sqrt{\frac{P}{\mu}} = \frac{\boldsymbol{r} \cdot \dot{\boldsymbol{r}}}{r}\sqrt{\frac{P}{\mu}}$$

最后一个问题是如何求出过近地点时刻 τ 。假如 $\boldsymbol{r}$，$\dot{\boldsymbol{r}}$ 是对应于时刻 t 的值，那么该时刻的真近点角 f 已经求出，据此可以求出偏近点角 E

$$\left.\begin{aligned} \sin E &= \frac{r\sin f}{a\sqrt{1-e^2}} \\ \cos E &= \frac{r\cos f}{a} + e \end{aligned}\right\}$$

然后再由开普勒方程求出平近点角 M

$$M = E - e\sin E$$

最后得

$$\tau = t - \frac{M}{n} \tag{2-38}$$

到此为止，已经由某个时刻 t 的距离和速度矢量 $\boldsymbol{r}$ 和 $\dot{\boldsymbol{r}}$ 求出了用六个轨道要素（也称根数）来描述的轨道，该组轨道要素是最经典的，也称开普勒根数，它们有着非常清楚的几何意义：

半长轴	a
偏心率	e
倾角	i
升交点赤经	Ω
近地点幅角	ω
过近地点时刻	τ

在实际应用中还会根据不同的具体情况采用别的一组轨道要素，但它们之间是一一对应的，可以互相转换。特别是一般都用某个时刻（称为历元）t_0 的平近点角 M_0 来替换过近地点时刻 τ ，于是任一时刻 t 的平近点角 M 应为

$$M = n(t - t_0) + M_0 \tag{2-39}$$

在实际应用中常常会碰到一个反问题，即知道了六个轨道根数来求某个时刻卫星的位置和速度。为了给出这一算法，先引出一个常用的中间坐标系——轨道坐标系。该坐标系的原点位于地心，基本平面为轨道平面，Z 轴为轨道的法线方向，X 轴可以根据不同的需要指向不同的方向，它可以指向卫星，也可以指向近地点，还可以指向升交点，Y 轴由右手法则决定。这里比较方便的是将 X 轴的方向指向升交点。根据已知的轨道根数很容易求出卫星在这个轨道坐标系中的位置。

先求出平近点角 M，接着由开普勒方程求出偏近点角 E ，然后由式（2－19）求出地心距 r 和真近点角 f ，于是在轨道坐标系中，卫星的位置坐标为

$$\left.\begin{aligned} x &= r\cos u \\ y &= r\sin u \\ z &= 0 \end{aligned}\right\} \tag{2-40}$$

卫星的速度为

$$\left.\begin{aligned} \dot{x} &= -\sqrt{\frac{\mu}{P}}(\sin u + e\sin\omega) \\ \dot{y} &= \sqrt{\frac{\mu}{P}}(\cos u + e\cos\omega) \\ \dot{z} &= 0 \end{aligned}\right\} \tag{2-41}$$

在此基础上，只需做两个坐标变换即可将卫星的运动状态在惯性坐标系中表示出来，这两个变换按顺序先绕 X 轴旋转 $-i$ 角，再绕 Z 轴旋转 $-\Omega$ 角。这种变换用矩阵运算的形式表示为

$$\begin{bmatrix} X \\ Y \\ Z \end{bmatrix} = R(\Omega, i)\begin{bmatrix} x \\ y \\ z \end{bmatrix} \tag{2-42}$$

$$\begin{aligned} R(\Omega, i) &= \begin{bmatrix} \cos\Omega & -\sin\Omega & 0 \\ \sin\Omega & \cos\Omega & 0 \\ 0 & 0 & 1 \end{bmatrix}\begin{bmatrix} 1 & 0 & 0 \\ 0 & \cos i & -\sin i \\ 0 & \sin i & \cos i \end{bmatrix} \\ &= \begin{bmatrix} \cos\Omega & -\sin\Omega\cos i & \sin\Omega\sin i \\ \sin\Omega & \cos\Omega\cos i & -\cos\Omega\sin i \\ 0 & \sin i & \cos i \end{bmatrix} \end{aligned} \tag{2-43}$$

$$\begin{bmatrix} \dot{X} \\ \dot{Y} \\ \dot{Z} \end{bmatrix} = R(\Omega, i)\begin{bmatrix} \dot{x} \\ \dot{y} \\ \dot{z} \end{bmatrix} \tag{2-44}$$

2.2.2　双曲线轨道

在月球探测与行星探测的飞行轨道研究中都将不可避免地与双曲线轨道打交道。

图 2－3 所示为双曲线轨道的示意图，为了表述方便，认为它是月球探测器的轨道。图中的两条直线是双曲线的渐近线，其上的箭头表示运动方向，因此两条渐近线分别表示飞入和飞出两段轨道的渐近线。双曲线轨道中最重要的一个单位向量就是图中的 $\hat{\boldsymbol{S}}$ ，它与飞入渐近线平行，因此它可以看作是探测器从无穷远处飞近月球的速度向量 $\boldsymbol{v}_\infty$ 的单位向量。另一个重要的向量是 $\boldsymbol{B}$ 向量，从月心出发垂直到达飞入渐近线。于是轨道的角动量 $\boldsymbol{h}$ 也可以表示为

$$\boldsymbol{h}=\boldsymbol{r}\times\dot{\boldsymbol{r}}=\boldsymbol{B}\times\boldsymbol{v}_\infty$$

如果以 v_∞ 表示无穷远处速度的大小，则

$$\boldsymbol{v}_\infty=v_\infty\hat{\boldsymbol{S}}$$

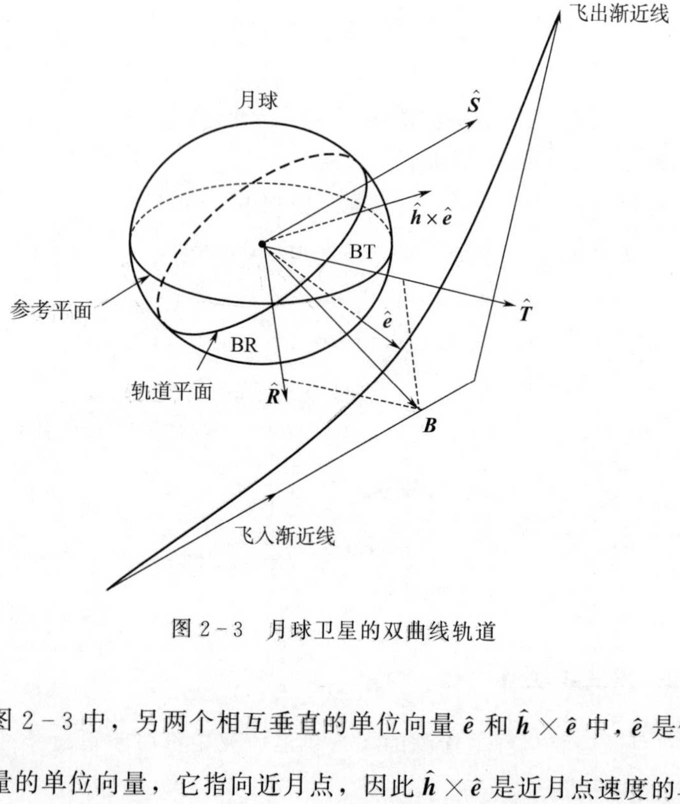

图 2－3　月球卫星的双曲线轨道

图 2－3 中，另两个相互垂直的单位向量 $\hat{e}$ 和 $\hat{\boldsymbol{h}}\times\hat{e}$ 中，$\hat{e}$ 是偏心率向量的单位向量，它指向近月点，因此 $\hat{\boldsymbol{h}}\times\hat{e}$ 是近月点速度的单位

向量，于是

$$\begin{aligned}\hat{\boldsymbol{S}} &= (\hat{\boldsymbol{S}} \cdot \hat{\boldsymbol{e}})\,\hat{\boldsymbol{e}} + [\hat{\boldsymbol{S}} \cdot (\hat{\boldsymbol{h}} \times \hat{\boldsymbol{e}})]\,(\hat{\boldsymbol{h}} \times \hat{\boldsymbol{e}}) \\ &= \cos(\pi - f_\infty)\,\hat{\boldsymbol{e}} + \sin(\pi - f_\infty)\,(\hat{\boldsymbol{h}} \times \hat{\boldsymbol{e}}) \\ &= -\cos f_\infty \hat{\boldsymbol{e}} + \sin f_\infty (\hat{\boldsymbol{h}} \times \hat{\boldsymbol{e}})\end{aligned}$$

双曲线轨道的方程为

$$r = \frac{a\,(e^2 - 1)}{1 + e\cos f}$$

在无穷远处应有 $1 + e\cos f_\infty = 0$，故 $f_\infty = \arccos\left(-\frac{1}{e}\right)$，于是 $\hat{\boldsymbol{S}}$ 可以表示为

$$\hat{\boldsymbol{S}} = \frac{1}{e}\hat{\boldsymbol{e}} + \frac{\sqrt{e^2 - 1}}{e}(\hat{\boldsymbol{h}} \times \hat{\boldsymbol{e}}) \tag{2-45}$$

如果我们选择了某个月心惯性坐标系，就可以用类似的方法在三维空间中描述探测器的轨道。如果仍然用 $\hat{\boldsymbol{i}}$，$\hat{\boldsymbol{j}}$，$\hat{\boldsymbol{k}}$ 来表示对应的三个坐标轴上的单位向量，则可以用式（2-34）～式（2-37）这四个表达式来计算相应的轨道根数 i，Ω，ω。

对于描述双曲线轨道的情况，还存在一个非常有用的坐标系 $\hat{S}$，$\hat{T}$，$\hat{R}$，它是按下面的方法进行定义的，即

$$\hat{\boldsymbol{T}} = \frac{\hat{\boldsymbol{S}} \times \hat{\boldsymbol{k}}}{|\hat{\boldsymbol{S}} \times \hat{\boldsymbol{k}}|},\ \hat{\boldsymbol{R}} = \hat{\boldsymbol{S}} \times \hat{\boldsymbol{T}}$$

$\hat{\boldsymbol{R}}$ 和 $\hat{\boldsymbol{T}}$ 构成的平面称为 B 平面，因为向量 $\boldsymbol{B}$ 也在这个平面内。

由

$$\boldsymbol{B} \times (v_\infty \hat{\boldsymbol{S}}) = \boldsymbol{h}$$

得

$$\hat{\boldsymbol{S}} \times (\boldsymbol{B} \times \hat{\boldsymbol{S}}) = \frac{1}{v_\infty}(\hat{\boldsymbol{S}} \times \boldsymbol{h})$$

即

$$(\hat{\boldsymbol{S}}\cdot\hat{\boldsymbol{S}})\boldsymbol{B}-(\hat{\boldsymbol{S}}\cdot\boldsymbol{B})\hat{\boldsymbol{S}}=\frac{1}{v_\infty}(\hat{\boldsymbol{S}}\times\boldsymbol{h})$$

考虑到 $\hat{\boldsymbol{S}}\cdot\hat{\boldsymbol{S}}=1,\hat{\boldsymbol{S}}\cdot\boldsymbol{B}=0$，可得

$$\boldsymbol{B}=\frac{1}{v_\infty}(\hat{\boldsymbol{S}}\times\boldsymbol{h}) \tag{2-46}$$

将式（2-45）代入式（2-46）得

$$\boldsymbol{B}=\frac{1}{v_\infty e}\left[\hat{\boldsymbol{e}}\times\boldsymbol{h}+\sqrt{e^2-1}(\hat{\boldsymbol{h}}\times\hat{\boldsymbol{e}})\times\boldsymbol{h}\right]=-\frac{h}{v_\infty e}\left(\hat{\boldsymbol{h}}\times\hat{\boldsymbol{e}}-\sqrt{e^2-1}\hat{\boldsymbol{e}}\right) \tag{2-47}$$

在应用中常涉及 $\boldsymbol{B}$ 向量的两个分量

$$\begin{aligned}B_1&=\boldsymbol{B}\cdot\hat{\boldsymbol{R}}\\B_2&=\boldsymbol{B}\cdot\hat{\boldsymbol{T}}\end{aligned} \tag{2-48}$$

将式（2-46）代入式（2-48）可得

$$\begin{aligned}B_1&=\frac{1}{v_\infty}(\hat{\boldsymbol{S}}\times\boldsymbol{h})\cdot\boldsymbol{R}=\frac{1}{v_\infty}(\hat{\boldsymbol{R}}\times\hat{\boldsymbol{S}})\cdot\boldsymbol{h}=\frac{1}{v_\infty}(\hat{\boldsymbol{T}}\cdot\boldsymbol{h})\\B_2&=\frac{1}{v_\infty}(\hat{\boldsymbol{S}}\times\boldsymbol{h})\cdot\hat{\boldsymbol{T}}=\frac{1}{v_\infty}(\hat{\boldsymbol{T}}\times\hat{\boldsymbol{S}})\cdot\boldsymbol{h}=-\frac{1}{v_\infty}(\hat{\boldsymbol{R}}\cdot\boldsymbol{h})\end{aligned} \tag{2-49}$$

$\boldsymbol{B}$ 向量与轨道倾角的关系为

$$\boldsymbol{B}\times\hat{\boldsymbol{S}}=\frac{\boldsymbol{h}}{v_\infty}\text{，}(\boldsymbol{B}\times\hat{\boldsymbol{S}})\cdot\hat{\boldsymbol{k}}=\frac{\boldsymbol{h}\cdot\hat{\boldsymbol{k}}}{v_\infty}=\frac{h\cos i}{v_\infty}$$

$$(\hat{\boldsymbol{S}}\times\hat{\boldsymbol{k}})\cdot\boldsymbol{B}=\frac{h\cos i}{v_\infty}=\hat{\boldsymbol{T}}\cdot\boldsymbol{B}\,|\hat{\boldsymbol{S}}\times\hat{\boldsymbol{k}}|$$

$$\boldsymbol{B}\cdot\hat{\boldsymbol{T}}=\frac{h\cos i}{v_\infty|\hat{\boldsymbol{S}}\times\hat{\boldsymbol{k}}|}=\frac{B\cos i}{|\hat{\boldsymbol{S}}\times\hat{\boldsymbol{k}}|}=B\cos\lambda$$

$$\cos\lambda=\frac{\cos i}{|\hat{\boldsymbol{S}}\times\hat{\boldsymbol{k}}|},\ \sin\lambda=\sqrt{1-\cos^2\lambda}=\sqrt{1-\frac{\cos^2 i}{(\hat{\boldsymbol{S}}\times\hat{\boldsymbol{k}})^2}}$$

因此对于相同的无穷远处速度和轨道倾角存在两条轨道，它们的 $\boldsymbol{B}$ 向量的 R 分量可以取正负两个值，即

$$\boldsymbol{B} \cdot \hat{\boldsymbol{R}} = \pm B\sin\lambda$$

如果无穷远处速度表示为

$$\boldsymbol{v}_\infty = \dot{x}\hat{\boldsymbol{i}} + \dot{y}\hat{\boldsymbol{j}} + \dot{z}\hat{\boldsymbol{k}}$$

则

$$\hat{\boldsymbol{S}} = \frac{\dot{x}\hat{\boldsymbol{i}} + \dot{y}\hat{\boldsymbol{j}} + \dot{z}\hat{\boldsymbol{k}}}{v_\infty}$$

于是

$$\hat{\boldsymbol{S}} \cdot \hat{\boldsymbol{k}} = \frac{\dot{z}}{v_\infty},\ \hat{\boldsymbol{S}} \times \hat{\boldsymbol{k}} = \frac{\dot{y}\hat{\boldsymbol{i}} - \dot{x}\hat{\boldsymbol{j}}}{v_\infty},\ |\hat{\boldsymbol{S}} \times \hat{\boldsymbol{k}}| = \frac{\sqrt{\dot{x}^2 + \dot{y}^2}}{v_\infty}$$

$$\hat{\boldsymbol{T}} = \frac{\hat{\boldsymbol{S}} \times \hat{\boldsymbol{k}}}{|\hat{\boldsymbol{S}} \times \hat{\boldsymbol{k}}|} = \frac{\dot{y}\hat{\boldsymbol{i}} - \dot{x}\hat{\boldsymbol{j}}}{\sqrt{\dot{x}^2 + \dot{y}^2}}$$

$$\hat{\boldsymbol{R}} = \frac{\dot{z}(\dot{x}\hat{\boldsymbol{i}} + \dot{y}\hat{\boldsymbol{j}}) - (\dot{x}^2 + \dot{y}^2)\hat{\boldsymbol{k}}}{v_\infty\sqrt{\dot{x}^2 + \dot{y}^2}}$$

因此

$$\cos\lambda = \frac{v_\infty \cos i}{\sqrt{\dot{x}^2 + \dot{y}^2}},\ \sin\lambda = \frac{\sqrt{(\dot{x}^2 + \dot{y}^2)\sin^2 i - \dot{z}^2\cos^2 i}}{\sqrt{\dot{x}^2 + \dot{y}^2}}$$

$$\boldsymbol{B} \cdot \hat{\boldsymbol{T}} = B\cos\lambda,\ \boldsymbol{B} \cdot \hat{\boldsymbol{R}} = \pm B\sin\lambda$$

$$\boldsymbol{h} \cdot \hat{\boldsymbol{T}} = \pm v_\infty B\sin\lambda,\ \boldsymbol{h} \cdot \hat{\boldsymbol{R}} = -v_\infty B\cos\lambda$$

$$\hat{\boldsymbol{k}} \times \hat{\boldsymbol{h}} = \pm \sin\lambda\hat{\boldsymbol{k}} \times \hat{\boldsymbol{T}} - \cos\lambda\hat{\boldsymbol{k}} \times \hat{\boldsymbol{R}}$$

$$\hat{\boldsymbol{k}} \times \hat{\boldsymbol{h}} = \frac{\pm\sqrt{(\dot{x}^2 + \dot{y}^2)\sin^2 i - \dot{z}^2\cos^2 i}\,(\dot{x}\hat{\boldsymbol{i}} + \dot{y}\hat{\boldsymbol{j}}) + \cos i\,\dot{z}(\dot{y}\hat{\boldsymbol{i}} - \dot{x}\hat{\boldsymbol{j}})}{(\dot{x}^2 + \dot{y}^2)}$$

$$|\hat{\boldsymbol{k}} \times \hat{\boldsymbol{h}}| = \sin i$$

第 3 章　卫星轨道摄动

3.1　概述

第 2 章已经详细讨论了二体问题，通过分析方法解决了二体问题的轨道问题，给出了计算卫星运动状态的解析表达式。

如果地球是一个质量均匀分布的球体，那么它所形成的引力场就等效于将质量全部集中于球心处所形成的中心引力场。如果再忽略其他力的作用，那么卫星的运动就完全可以作为二体问题来处理。但是地球并非理想的球体，其他力的作用也不能忽略。这样一来卫星运动的状态就比较复杂了。本章主要讨论这种更为复杂的运动，并介绍求解运动轨迹的一些常用方法。

求解运动的微分方程有两大类方法，一类是分析方法，另一类是数值积分法。

分析方法可以给出解的解析表达式，根据解析表达式不仅能够求出任意时刻的运动状态，而且也可以清楚地看出运动的规律，这样就便于对运动进行定性和定量的研究，对于轨道设计是非常有用的。此外，由于给出了各种因素影响的具体表达式，因此可以通过精确观测卫星的运动反过来对这些因素进行研究。例如，研究地球引力场模型，测定有关的参数，研究大气密度等。自从人造卫星上天以来，人们在这方面已经做了大量工作，取得了显著的成果，这些成果反过来又大大地推动了航天科学技术的发展。分析方法的缺点是大部分情况下只能得到近似解。解的精度要求越高，推导工作越困难，解的表达式越复杂，甚至无法得到满足高精度要求的解析解，特别是在考虑各种因素的综合影响时更是如此。分析方法在天

体力学中称为普遍摄动方法或一般摄动方法（general perturbation）

数值积分法可以弥补解析方法的不足，因为各种因素的影响总是可以根据其模型用函数的形式精确地列入运动方程的右端项中，只要数值积分所用的步长和阶数取得合适，原则上可以获得所需的任意高的精度。随着计算机技术的快速发展，在轨道计算中越来越多地采用数值方法。当然，数值积分所需的计算时间比较长，当只能采用小型电子计算机进行快速运算时，就会受到很大的限制。此外，数值方法是以离散的形式给出运动方程的一组特解，对于研究运动的一般规律不是很有效，它只能提供一种具体的验证。数值方法在天体力学中称为特别摄动方法（special perturbation）。

本章重点讨论分析方法。

3.2　摄动方程

本节将给出开普勒要素的摄动方程及其变化形式。常用的方程有两种，一种是以扰动位函数的形式给出，另一种是以扰动加速度三分量的形式给出。前一种形式在处理地球引力场以及日、月摄动时比较方便。后一种形式在研究任何扰动力的摄动时都可以用，特别是在讨论轨道控制问题时，需要用这种形式的方程。

3.2.1　拉格朗日行星摄动方程

拉格朗日行星摄动方程是天体力学中著名的方程。在本节中将针对卫星运动的情况给出略微不同的形式。地球卫星的运动可以用下述方程描述

$$\ddot{\boldsymbol{r}} = \nabla \boldsymbol{U} \tag{3-1}$$

式中　$\boldsymbol{r}$ ——卫星位置向量；

$\boldsymbol{U}$ ——位函数。

$\nabla \boldsymbol{U}$ 是 $\boldsymbol{U}$ 的梯度，是一个向量。它可以表示为

$$\nabla \boldsymbol{U} = \begin{bmatrix} \dfrac{\partial U}{\partial x} & \dfrac{\partial U}{\partial y} & \dfrac{\partial U}{\partial z} \end{bmatrix}^{\mathrm{T}} \tag{3-2}$$

式中，x，y，z 是 $\boldsymbol{r}$ 的三个分量。

对地球卫星的情况，U 可以分解为

$$U=\frac{\mu}{r}+R(\boldsymbol{r}) \tag{3-3}$$

式中 μ ——地球质量与万有引力常数的乘积；

$\frac{\mu}{r}$ ——中心力场的位函数；

$R(\boldsymbol{r})$ ——扰动位函数。

如果忽略扰动位，U 就变成了二体问题。在第 2 章中已经求出了二体问题的精确解，其形式上可以写成

$$\left.\begin{aligned}\boldsymbol{r}&=\boldsymbol{r}(a,e,M,\Omega,i,\omega)\\ \dot{\boldsymbol{r}}&=\dot{\boldsymbol{r}}(a,e,M,\Omega,i,\omega)\end{aligned}\right\} \tag{3-4}$$

而且

$$\dot{\boldsymbol{r}}=n\frac{\partial\boldsymbol{r}}{\partial M} \tag{3-5}$$

其中

$$n=\sqrt{\frac{\mu}{a^3}}$$

式中 n ——平均运动。

在考虑摄动问题时，仍把卫星的位置和速度表示成式（3－4）的形式，于是 6 个轨道要素不再是常数，而是时间 t 的函数。于是有

$$\dot{\boldsymbol{r}}=\frac{\partial\boldsymbol{r}}{\partial a}\frac{\mathrm{d}a}{\mathrm{d}t}+\frac{\partial\boldsymbol{r}}{\partial e}\frac{\mathrm{d}e}{\mathrm{d}t}+\frac{\partial\boldsymbol{r}}{\partial M}\frac{\mathrm{d}M}{\mathrm{d}t}+\frac{\partial\boldsymbol{r}}{\partial\Omega}\frac{\mathrm{d}\Omega}{\mathrm{d}t}+\frac{\partial\boldsymbol{r}}{\partial i}\frac{\mathrm{d}i}{\mathrm{d}t}+\frac{\partial\boldsymbol{r}}{\partial\omega}\frac{\mathrm{d}\omega}{\mathrm{d}t} \tag{3-6}$$

对于速度的两种表示法，式（3－5）和式（3－6）是等效的，于是得到下面的关系

$$\frac{\partial\boldsymbol{r}}{\partial a}\frac{\mathrm{d}a}{\mathrm{d}t}+\frac{\partial\boldsymbol{r}}{\partial e}\frac{\mathrm{d}e}{\mathrm{d}t}+\frac{\partial\boldsymbol{r}}{\partial M}\left(\frac{\mathrm{d}M}{\mathrm{d}t}-n\right)+\frac{\partial\boldsymbol{r}}{\partial\Omega}\frac{\mathrm{d}\Omega}{\mathrm{d}t}+\frac{\partial\boldsymbol{r}}{\partial i}\frac{\mathrm{d}i}{\mathrm{d}t}+\frac{\partial\boldsymbol{r}}{\partial\omega}\frac{\mathrm{d}\omega}{\mathrm{d}t}=\boldsymbol{0} \tag{3-7}$$

式中，$\boldsymbol{0}$ 表示三维的零向量。对于加速度有

$$\ddot{\boldsymbol{r}}=\frac{\partial \dot{\boldsymbol{r}}}{\partial a} \frac{\mathrm{d} a}{\mathrm{d} t}+\frac{\partial \dot{\boldsymbol{r}}}{\partial e} \frac{\mathrm{d} e}{\mathrm{d} t}+\frac{\partial \dot{\boldsymbol{r}}}{\partial M} \frac{\mathrm{d} M}{\mathrm{d} t}+\frac{\partial \dot{\boldsymbol{r}}}{\partial \Omega} \frac{\mathrm{d} \Omega}{\mathrm{d} t}+\frac{\partial \dot{\boldsymbol{r}}}{\partial i} \frac{\mathrm{d} i}{\mathrm{d} t}+\frac{\partial \dot{\boldsymbol{r}}}{\partial \omega} \frac{\mathrm{d} \omega}{\mathrm{d} t} \tag{3-8}$$

由式（3－1）可得

$$\frac{\partial \dot{\boldsymbol{r}}}{\partial a} \frac{\mathrm{d} a}{\mathrm{d} t}+\frac{\partial \dot{\boldsymbol{r}}}{\partial e} \frac{\mathrm{d} e}{\mathrm{d} t}+\frac{\partial \dot{\boldsymbol{r}}}{\partial M} \frac{\mathrm{d} M}{\mathrm{d} t}+\frac{\partial \dot{\boldsymbol{r}}}{\partial \Omega} \frac{\mathrm{d} \Omega}{\mathrm{d} t}+\frac{\partial \dot{\boldsymbol{r}}}{\partial i} \frac{\mathrm{d} i}{\mathrm{d} t}+\frac{\partial \dot{\boldsymbol{r}}}{\partial \omega} \frac{\mathrm{d} \omega}{\mathrm{d} t}=\nabla\left(\frac{\mu}{r}\right)+\nabla R \tag{3-9}$$

注意到二体问题中有

$$n \frac{\partial \dot{\boldsymbol{r}}}{\partial M}=\nabla\left(\frac{\mu}{r}\right) \tag{3-10}$$

于是可得

$$\frac{\partial \dot{\boldsymbol{r}}}{\partial a} \frac{\mathrm{d} a}{\mathrm{d} t}+\frac{\partial \dot{\boldsymbol{r}}}{\partial e} \frac{\mathrm{d} e}{\mathrm{d} t}+\frac{\partial \dot{\boldsymbol{r}}}{\partial M}\left(\frac{\mathrm{d} M}{\mathrm{d} t}-n\right)+\frac{\partial \dot{\boldsymbol{r}}}{\partial \Omega} \frac{\mathrm{d} \Omega}{\mathrm{d} t}+\frac{\partial \dot{\boldsymbol{r}}}{\partial i} \frac{\mathrm{d} i}{\mathrm{d} t}+\frac{\partial \dot{\boldsymbol{r}}}{\partial \omega} \frac{\mathrm{d} \omega}{\mathrm{d} t}=\nabla R \tag{3-11}$$

式（3－7）和式（3－11）唯一地确定了轨道要素的变化率与扰动位之间的关系。由这两个关系式可以导出摄动方程为

$$\left.\begin{aligned}
&\frac{\mathrm{d} a}{\mathrm{d} t}=\frac{2}{n a} \frac{\partial R}{\partial M} \\
&\frac{\mathrm{d} e}{\mathrm{d} t}=\frac{1-e^{2}}{n a^{2} e} \frac{\partial R}{\partial M}-\frac{\sqrt{1-e^{2}}}{n a^{2} e} \frac{\partial R}{\partial \omega} \\
&\frac{\mathrm{d} \omega}{\mathrm{d} t}=\frac{\sqrt{1-e^{2}}}{n a^{2} e} \frac{\partial R}{\partial e}-\frac{\cos i}{n a^{2} \sqrt{1-e^{2}} \sin i} \frac{\partial R}{\partial i} \\
&\frac{\mathrm{d} i}{\mathrm{d} t}=\frac{\cos i}{n a^{2} \sqrt{1-e^{2}} \sin i} \frac{\partial R}{\partial \omega}-\frac{1}{n a^{2} \sqrt{1-e^{2}} \sin i} \frac{\partial R}{\partial \Omega} \\
&\frac{\mathrm{d} \Omega}{\mathrm{d} t}=\frac{1}{n a^{2} \sqrt{1-e^{2}} \sin i} \frac{\partial R}{\partial i} \\
&\frac{\mathrm{d} M}{\mathrm{d} t}=n-\frac{1-e^{2}}{n a^{2} e} \frac{\partial R}{\partial e}-\frac{2}{n a} \frac{\partial R}{\partial a}
\end{aligned}\right\} \tag{3-12}$$

式（3－12）就是著名的拉格朗日行星摄动方程，只要知道了扰动位的具体表达式就可以代入方程求解，得到任意时刻的密切轨道

要素，并根据二体问题的关系求出卫星的位置和速度。

摄动方程的上述形式只适用于扰动力可以用扰动位函数来表示的场合，为了研究更一般的情况需要寻求更一般的形式。下面介绍的高斯型摄动方程就是符合这种要求的最常用的一种形式。

3.2.2　高斯型摄动方程

将任意时刻作用在卫星上的扰动加速度分解成相互垂直的三个分量 R，T，W，其中 R 沿卫星向径方向，W 沿轨道平面正法线方向，R，T，W 构成右手坐标系。高斯型摄动方程建立了轨道要素随时间的变化率与这三个分量之间的关系，其中的一种形式为

$$\left.\begin{aligned}
\frac{\mathrm{d}a}{\mathrm{d}t} &= \frac{2}{n\sqrt{1-e^2}}\left(Re\sin f + T\frac{p}{r}\right)\\
\frac{\mathrm{d}e}{\mathrm{d}t} &= \frac{\sqrt{1-e^2}}{na}\left[R\sin f + T(\cos E + \cos f)\right]\\
\frac{\mathrm{d}\omega}{\mathrm{d}t} &= \frac{\sqrt{1-e^2}}{nae}\left[T\sin f\left(1+\frac{r}{p}\right) - R\cos f\right] - \frac{Wr\cos i\sin u}{na^2\sqrt{1-e^2}\sin i}\\
\frac{\mathrm{d}i}{\mathrm{d}t} &= \frac{Wr\cos u}{na^2\sqrt{1-e^2}}\\
\frac{\mathrm{d}\Omega}{\mathrm{d}t} &= \frac{Wr\sin u}{na^2\sqrt{1-e^2}\sin i}\\
\frac{\mathrm{d}M}{\mathrm{d}t} &= n - \frac{1}{nae}\left\{R\left[\frac{2re}{a} - (1-e^2)\cos f\right] + T\sin f\left[(1-e^2) + \frac{r}{a}\right]\right\}
\end{aligned}\right\} \tag{3-13}$$

本节给出的拉格朗日行星摄动方程与高斯型摄动方程都是利用开普勒轨道要素来表示的，其方程的右端项的一些分母中出现偏心率 e，当 e 很小时方程将不便使用。为了克服这一困难通常用 $e_x = e\cos\omega$，$e_y = e\sin\omega$，$\lambda = M + \omega$ 来替换 e，ω，M。经变换后关于 e，ω，M 的三个微分方程可以替换为

$$\left.\begin{aligned}
\frac{\mathrm{d}e_x}{\mathrm{d}t} &= \frac{\sqrt{1-e^2}}{na}\left\{R\sin u + T\left[\left(1+\frac{r}{p}\right)\cos u + \frac{r}{p}e_x\right]\right\} + \frac{\mathrm{d}\Omega}{\mathrm{d}t}\cos i e_y \\
\frac{\mathrm{d}e_y}{\mathrm{d}t} &= \frac{\sqrt{1-e^2}}{na}\left\{-R\cos u + T\left[\left(1+\frac{r}{p}\right)\sin u + \frac{r}{p}e_y\right]\right\} - \frac{\mathrm{d}\Omega}{\mathrm{d}t}\cos i e_x \\
\frac{\mathrm{d}\lambda}{\mathrm{d}t} &= n - \frac{1}{na}\left[R\left(\frac{2r}{a} + \frac{\sqrt{1-e^2}}{1+\sqrt{1-e^2}}e\cos f\right) - \right. \\
&\qquad \left. T\left(1+\frac{r}{p}\right)\frac{\sqrt{1-e^2}}{1+\sqrt{1-e^2}}e\sin f\right] - \frac{Wr\cos i\sin u}{na^2\sqrt{1-e^2}\sin i}
\end{aligned}\right\} \tag{3-14}$$

替换后的微分方程便不再存在小偏心率的问题。

3.3　正则方程和正则变换

从本节起将讨论摄动方程的解法，在这些解法中比较有效的是利用正则方程通过一系列的正则变换来求解的方法。因此本节先介绍正则方程及正则变换方面的一些基本概念和性质。

卫星在地球引力场中运动，若用直角坐标来表示，其运动的微分方程为

$$\left.\begin{aligned}
\ddot{x} &= \frac{\partial U}{\partial x} \\
\ddot{y} &= \frac{\partial U}{\partial y} \\
\ddot{z} &= \frac{\partial U}{\partial z}
\end{aligned}\right\} \tag{3-15}$$

式中，U 为引力位，它只是卫星位置 (x, y, z) 的函数。记

$$\left.\begin{aligned}
X &= \dot{x} \\
Y &= \dot{y} \\
Z &= \dot{z}
\end{aligned}\right\} \tag{3-16}$$

并令

$$F = -\frac{1}{2}(X^2 + Y^2 + Z^2) + U \tag{3-17}$$

则方程（3－15）可以改写为

$$\left.\begin{aligned} \dot{X} &= \frac{\partial F}{\partial x}, \quad \dot{x} = -\frac{\partial F}{\partial X} \\ \dot{Y} &= \frac{\partial F}{\partial y}, \quad \dot{y} = -\frac{\partial F}{\partial Y} \\ \dot{Z} &= \frac{\partial F}{\partial z}, \quad \dot{z} = -\frac{\partial F}{\partial Z} \end{aligned}\right\} \tag{3-18}$$

对于一般情况，如果动力学方程是如下形式

$$\left.\begin{aligned} \dot{\xi}_j &= \frac{\partial F}{\partial \eta_j} \\ \dot{\eta}_j &= -\frac{\partial F}{\partial \xi_j} \\ F &= F(\xi, \eta, t) \end{aligned}\right\} (j = 1, 2, \cdots, n) \tag{3-19}$$

则称其为正则方程，称 ξ_j ，η_j 为正则变量，F 为哈密顿函数。如果 F 中显含 t ，有

$$\begin{aligned} \frac{\mathrm{d}F}{\mathrm{d}t} &= \sum_j \left(\frac{\partial F}{\partial \xi_j} \dot{\xi}_j + \frac{\partial F}{\partial \eta_j} \dot{\eta}_j \right) + \frac{\partial F}{\partial t} \\ &= \sum_j \left(\frac{\partial F}{\partial \xi_j} \frac{\partial F}{\partial \eta_j} - \frac{\partial F}{\partial \eta_j} \frac{\partial F}{\partial \xi_j} \right) + \frac{\partial F}{\partial t} \\ &= \frac{\partial F}{\partial t} \end{aligned} \tag{3-20}$$

故

$$F = \int \frac{\partial F}{\partial t} \mathrm{d}t + c \tag{3-21}$$

若令

$$\left.\begin{aligned} \xi_{n+1} &= \int \frac{\partial F}{\partial t} \mathrm{d}t \\ \eta_{n+1} &= t \end{aligned}\right\} \tag{3-22}$$

并记

$$F^* = F - \xi_{n+1} \tag{3-23}$$

则式（3－19）可以变为

$$\left.\begin{aligned} \dot{\xi}_j &= \frac{\partial F^*}{\partial \eta_j} \\ \dot{\eta}_j &= -\frac{\partial F^*}{\partial \xi_j} \\ F^* &= F^*(\xi, \eta) \end{aligned}\right\} (j = 1, 2, \cdots, n+1) \tag{3-24}$$

于是 F^* 不再显含 t，并且

$$\begin{aligned} \frac{\mathrm{d}F^*}{\mathrm{d}t} &= \sum_{j=1}^{n+1}\left(\frac{\partial F^*}{\partial \xi_j}\dot{\xi}_j + \frac{\partial F^*}{\partial \eta_j}\dot{\eta}_j\right) \\ &= \sum_{j=1}^{n}\left(\frac{\partial F}{\partial \xi_j}\frac{\partial F}{\partial \eta_j} - \frac{\partial F}{\partial \eta_j}\frac{\partial F}{\partial \xi_j}\right) - \frac{\partial F}{\partial t} + \frac{\partial F}{\partial t} \\ &= 0 \end{aligned} \tag{3-25}$$

故有

$$F^* = c \tag{3-26}$$

这表明，在讨论正则方程时，总可以假定哈密顿函数不显含时间 t，否则只需做一个变换就可以将它变为这种情况。在下面的讨论中将仍然采用式（3－19）的记法，并假定 $F = F(\xi, \eta)$。

对于这种正则方程，根据上面的推导应有

$$F(\xi, \eta) = c \tag{3-27}$$

这是一个能量积分，其物理意义是动力学系统的能量守恒。采用正则方程除了有上述好处以外，因其右端项都只是哈密顿函数关于某一个变量的偏导数，故简化了推导。如果能够找到一系列的变换，使得方程的正则形式始终保持而同时又能将哈密顿函数中的变量尽可能多地消去，就能相应地得到一系列的积分，甚至最后完全解出运动方程。很明显，为了使这一想法得以实现，十分关键的问题是寻找合适的变换。因此下面进一步讨论变换问题。为了书写上的方便，记

$$\left.\begin{aligned} &x_j=\begin{cases}\xi_j & 1\leqslant j\leqslant n\\ \eta_{j-n} & n+1\leqslant j\leqslant 2n\end{cases}\\ &\boldsymbol{x}=[x_1\quad x_2\quad \cdots\quad x_{2n}]^{\mathrm{T}}\\ &\boldsymbol{H}_x=\left[\frac{\partial F}{\partial x_1}\quad \frac{\partial F}{\partial x_2}\quad \cdots\quad \frac{\partial F}{\partial x_{2n}}\right]\end{aligned}\right\} \tag{3-28}$$

于是正则方程（3-19）可以简写成矩阵方程的形式，即

$$\frac{\mathrm{d}\boldsymbol{x}}{\mathrm{d}t}=\boldsymbol{\Phi}_0\boldsymbol{H}_x^{\mathrm{T}} \tag{3-29}$$

$$\boldsymbol{\Phi}_0=\begin{bmatrix}\mathbf{0} & \boldsymbol{I}\\ -\boldsymbol{I} & \mathbf{0}\end{bmatrix} \tag{3-30}$$

式中 $\boldsymbol{I}$ —— n 阶单位矩阵；

$\mathbf{0}$ —— n 阶零矩阵。

考虑一个从 ξ_j，η_j 到 p_j，q_j 的变换

$$\left.\begin{aligned}\xi_j&=\xi_j(p,q)\\ \eta_j&=\eta_j(p,q)\end{aligned}\right\} \tag{3-31}$$

并记

$$\left.\begin{aligned} &y_j=\begin{cases}p_j & 1\leqslant j\leqslant n\\ q_{j-n} & n+1\leqslant j\leqslant 2n\end{cases}\\ &\boldsymbol{y}=[y_1\quad y_2\quad \cdots\quad y_{2n}]^{\mathrm{T}}\\ &F^*(p,q)=F[\xi(p,q),\eta(p,q)]\end{aligned}\right. \tag{3-32}$$

则有

$$\left.\begin{aligned}\mathrm{d}\boldsymbol{x}&=\boldsymbol{J}\,\mathrm{d}\boldsymbol{y}\\ \boldsymbol{H}_y^*&=\boldsymbol{H}_x\boldsymbol{J}\end{aligned}\right\} \tag{3-33}$$

式中，$\boldsymbol{J}$ 为变换的雅可比矩阵，它的表达式为

$$\boldsymbol{J}=\begin{bmatrix}\dfrac{\partial x_1}{\partial y_1} & \dfrac{\partial x_1}{\partial y_2} & \cdots & \dfrac{\partial x_1}{\partial y_{2n}}\\ \dfrac{\partial x_2}{\partial y_1} & \dfrac{\partial x_2}{\partial y_2} & \cdots & \dfrac{\partial x_2}{\partial y_{2n}}\\ \vdots & \vdots & & \vdots\\ \dfrac{\partial x_{2n}}{\partial y_1} & \dfrac{\partial x_{2n}}{\partial y_2} & \cdots & \dfrac{\partial x_{2n}}{\partial y_{2n}}\end{bmatrix} \tag{3-34}$$

正则变换的雅可比矩阵 $\boldsymbol{J}$ 满足下述关系

$$\boldsymbol{J\Phi}_0\boldsymbol{J}^{\mathrm{T}}=\boldsymbol{\Phi}_0 \tag{3-35}$$

下面研究经过正则变换以后新的动力学方程的形式。因为

$$\left.\begin{aligned}\boldsymbol{\Phi}_0^{\mathrm{T}}&=\begin{bmatrix}\mathbf{0} & -\boldsymbol{I}\\ \boldsymbol{I} & \mathbf{0}\end{bmatrix}\\ \boldsymbol{\Phi}_0\boldsymbol{\Phi}_0^{\mathrm{T}}&=\boldsymbol{I}\end{aligned}\right\} \tag{3-36}$$

故

$$\boldsymbol{\Phi}_0^{\mathrm{T}}=\boldsymbol{\Phi}_0^{-1} \tag{3-37}$$

而且

$$|\boldsymbol{\Phi}_0|=\pm 1\neq 0 \tag{3-38}$$

于是

$$|\boldsymbol{J\Phi}_0\boldsymbol{J}^{\mathrm{T}}|=|\boldsymbol{J}|^2|\boldsymbol{\Phi}_0|=|\boldsymbol{\Phi}_0|$$

因而 $|\boldsymbol{J}|\neq 0$，即 $\boldsymbol{J}$ 是可逆矩阵。不难看出

$$\boldsymbol{J}^{-1}=\begin{bmatrix}\dfrac{\partial y_1}{\partial x_1} & \dfrac{\partial y_1}{\partial x_2} & \cdots & \dfrac{\partial y_1}{\partial x_{2n}}\\ \dfrac{\partial y_2}{\partial x_1} & \dfrac{\partial y_2}{\partial x_2} & \cdots & \dfrac{\partial y_2}{\partial x_{2n}}\\ \vdots & \vdots & & \vdots\\ \dfrac{\partial y_{2n}}{\partial x_1} & \dfrac{\partial y_{2n}}{\partial x_2} & \cdots & \dfrac{\partial y_{2n}}{\partial x_{2n}}\end{bmatrix}$$

于是

$$\begin{aligned}\frac{\mathrm{d}\boldsymbol{y}}{\mathrm{d}t}&=\boldsymbol{J}^{-1}\frac{\mathrm{d}\boldsymbol{x}}{\mathrm{d}t}=\boldsymbol{J}^{-1}\boldsymbol{\Phi}_0\boldsymbol{H}_x^{\mathrm{T}}=\boldsymbol{J}^{-1}\boldsymbol{\Phi}_0(\boldsymbol{J}^{-1})^{\mathrm{T}}\boldsymbol{H}_y^{*\mathrm{T}}\\&=\boldsymbol{J}^{-1}(\boldsymbol{J}\boldsymbol{\Phi}_0\boldsymbol{J}^{\mathrm{T}})(\boldsymbol{J}^{-1})^{\mathrm{T}}\boldsymbol{H}_y^{*\mathrm{T}}\\&=\boldsymbol{\Phi}_0\boldsymbol{H}_y^{*\mathrm{T}}\end{aligned}\tag{3-39}$$

表明经正则变换后，新的动力学方程仍然保持正则形式。

对于 p，q 的任意函数 $f(p, q)$ 和 $g(p, q)$，记

$$\{f,g\}=\sum_k\left(\frac{\partial f}{\partial p_k}\frac{\partial g}{\partial q_k}-\frac{\partial f}{\partial q_k}\frac{\partial g}{\partial p_k}\right)\tag{3-40}$$

式中，$\{f, g\}$ 称为 f，g 的泊松括号。泊松括号经过正则变换后其值保持不变，这就是所谓的正则不变性。事实上，对于任意的 f，g 若记 $f^*(\boldsymbol{y})=f(\boldsymbol{x}(\boldsymbol{y}))$，$g^*(\boldsymbol{y})=g(\boldsymbol{x}(\boldsymbol{y}))$ 则

$$\{f^*,g^*\}=\frac{\partial f^*}{\partial \boldsymbol{y}}\boldsymbol{\Phi}_0\left(\frac{\partial g^*}{\partial \boldsymbol{y}}\right)^{\mathrm{T}}=\frac{\partial f}{\partial \boldsymbol{x}}\boldsymbol{J}\boldsymbol{\Phi}_0\boldsymbol{J}^{\mathrm{T}}\left(\frac{\partial g}{\partial \boldsymbol{x}}\right)^{\mathrm{T}}=\frac{\partial f}{\partial \boldsymbol{x}}\boldsymbol{\Phi}_0\left(\frac{\partial g}{\partial \boldsymbol{x}}\right)^{\mathrm{T}}=\{f,g\}$$

在天体力学和人造卫星运动理论中常采用两组正则变量，一组是德洛内（Delaunay）变量，它们与开普勒轨道要素之间的关系是

$$\left.\begin{aligned}&l=M,\ L=\sqrt{\mu a}\\&g=\omega,\ G=\sqrt{\mu a(1-e^2)}\\&h=\Omega,\ H=\sqrt{\mu a(1-e^2)}\cos i\end{aligned}\right\}\tag{3-41}$$

另一组称为庞加莱（Poincare）变量，它们与德洛内变量之间的关系是

$$\left.\begin{aligned}&x_1=l+g+h &&,X_1=L\\&x_2=-\sqrt{2(L-G)}\sin(g+h) &&,X_2=\sqrt{2(L-G)}\cos(g+h)\\&x_3=-\sqrt{2(G-H)}\sin h &&,X_3=\sqrt{2(G+H)}\cos h\end{aligned}\right\}\tag{3-42}$$

3.4 基于李级数的摄动方法

本节介绍一种很有效的正则变换以及基于这种变换来逐步求出摄动方程解的方法。所获得的解表示成按小参数展开的级数形式，

其中每一项都是用泊松括号表示的，而且后面的项可以通过递推公式由前面的项计算出来，这就为电子计算机推导摄动公式提供了方便。这方面的奠基工作是由倔原一郎（Hori）[1]、德里特(Deprit)[2]、卡门（Kamel)[3]等人完成的。本节主要介绍倔原一郎的工作。

3.4.1　基于李级数的正则变换

若 $S(p, q)$ 是变量 p_j，$q_j(j=1, 2, \cdots, n)$ 的一个已知函数，那么对任一函数 $f(p, q)$ 可定义

$$D_S f = \{f, S\} \tag{3-43}$$

并称它为由 S 形成的李导数。李导数有如下一些性质，对于任意实数 α，β 及任意函数 $f(p, q)$，$g(p, q)$ 都有

$$D_S(\alpha f + \beta g) = \alpha D_S f + \beta D_S g \tag{3-44}$$

$$D_S(f \cdot g) = g D_S f + f D_S g \tag{3-45}$$

$$D_S\{f, g\} = \{f, D_S g\} + \{D_S f, g\} \tag{3-46}$$

而且，对任意函数 $S^*(p, q)$ 成立

$$D_S D_{S^*} = D_{\{S,S^*\}} + D_{S^*} D_S \tag{3-47}$$

重复应用李导数的定义

$$\left.\begin{aligned} D_S^2 f &= D_S(D_S f) \\ D_S^{n+1} f &= D_S(D_S^n f) \end{aligned}\right\} \tag{3-48}$$

并记

$$D_S^0 f = f \tag{3-49}$$

则可得到

$$D_S^n(\alpha f + \beta g) = \alpha D_S^n f + \beta D_S^n g \tag{3-50}$$

$$D_S^n(f \cdot g) = \sum_{m=0}^{n} \begin{bmatrix} n \\ m \end{bmatrix} D_S^m f \cdot D_S^{n-m} g \tag{3-51}$$

$$D_S^n\{f, g\} = \sum_{m=0}^{n} \begin{bmatrix} n \\ m \end{bmatrix} \{D_S^m f, D_S^{n-m} g\} \tag{3-52}$$

上述性质可以借助于式（3-44）～式（3-46），利用数学归纳法

证明。

记

$$\exp(\varepsilon D_S)=\sum_{n=0}^{\infty}\frac{\varepsilon^n}{n!}D_S^n \tag{3-53}$$

式中，ε 是小参数。式（3-50）～式（3-52）可以进一步推广成

$$\exp(\varepsilon D_S)(\alpha f+\beta g)=\alpha\exp(\varepsilon D_S)f+\beta\exp(\varepsilon D_S)g \tag{3-54}$$

$$\exp(\varepsilon D_S)(f\cdot g)=[\exp(\varepsilon D_S)f][\exp(\varepsilon D_S)g] \tag{3-55}$$

$$\exp(\varepsilon D_S)\{f,g\}=\{\exp(\varepsilon D_S)f,\exp(\varepsilon D_S)g\} \tag{3-56}$$

根据式（3-56）可以证明由下述李级数

$$\left.\begin{aligned}\xi_j&=\exp(\varepsilon D_S)p_j\\ \eta_j&=\exp(\varepsilon D_S)q_j\end{aligned}\right\} \tag{3-57}$$

定义的 ξ_j，η_j 到 p_j，q_j 的变换是正则变换。$S(p,q)$ 称为正则变换的生成函数。对于这样的变换还有如下一条很重要的性质（对于任意的 $f(\xi,\eta)$ 成立）

$$f(\xi,\eta)=\sum_{n=0}^{\infty}\frac{\varepsilon^n}{n!}D_S^n f(p,q) \tag{3-58}$$

如果还有一个从 p_j，q_j 到 p'_j，q'_j 的正则变换，其生成函数为 $S^*(p',q')$，则对于从 ξ_j，η_j 到 p'_j，q'_j 的复合变换，应有

$$f(\xi,\eta)=\sum_{n=0}^{\infty}\frac{\varepsilon^n}{n!}\sum_{m=0}^{n}\begin{bmatrix}n\\ m\end{bmatrix}D_{S^*}^m D_{S(p',q')}^{n-m}f(p',q') \tag{3-59}$$

把上述展开式具体表示成直到含 ε^2 的有限项，则有

$$\begin{aligned}f(\xi,\eta)=&f(p',q')+\varepsilon\{f,S+S^*\}+\\ &\frac{\varepsilon^2}{2}\{\{f,S+S^*\},S+S^*\}+\frac{\varepsilon^2}{2}\{f,\{S,S^*\}\}+O(\varepsilon^3)\end{aligned} \tag{3-60}$$

式（3-60）等号右边的表达式已利用（3-47）做了适当的变形。

3.4.2 摄动方程的解法

设正则方程为

$$\left.\begin{aligned}\frac{\mathrm{d}\xi_j}{\mathrm{d}t}&=\frac{\partial F}{\partial \eta_j}\\ \frac{\mathrm{d}\eta_j}{\mathrm{d}t}&=-\frac{\partial F}{\partial \xi_j}\end{aligned}\right\}\tag{3-61}$$

并设哈密顿函数 $F(\xi,\eta)$ 可以表示为

$$\left.\begin{aligned}&F(\xi,\eta)=F_0(\xi,\eta)+\sum_{k=1}F_k(\xi,\eta)\\ &F_k(\xi,\eta)=O(\varepsilon^k)\end{aligned}\right\}\tag{3-62}$$

再设 $S(p,q)$ 是从 ξ_j，η_j 到 p_j，q_j 的正则变换的生成函数，且

$$\left.\begin{aligned}&S(p,q)=\sum_{k=1}S_k(p,q)\\ &S_k(p,q)=O(\varepsilon^k)\end{aligned}\right\}\tag{3-63}$$

经过上述正则变换以后的哈密顿函数变为

$$\left.\begin{aligned}&F(\xi,\eta)=F^*(p,q)=F_0^*(p,q)+\sum_{k=1}F_k^*(p,q)\\ &F_k^*(p,q)=O(\varepsilon^k)\end{aligned}\right\}\tag{3-64}$$

另一方面

$$F(\xi,\eta)=\sum_{n=0}^{\infty}\frac{\varepsilon^n}{n!}D_S^nF(p,q)\tag{3-65}$$

因此可得

$$\left.\begin{aligned}&F_0^*=F_0(p,q)\\ &F_1^*=F_1(p,q)+\{F_0,S_1\}\\ &F_2^*=F_2(p,q)+\{F_0,S_2\}+\{F_1,S_1\}+\frac{1}{2}\{\{F_0,S_1\},S_1\}\\ &\text{或}\\ &F_2^*=F_2(p,q)+\{F_0,S_2\}+\frac{1}{2}\{F_1+F_1^*,S_1\}\end{aligned}\right\}\tag{3-66}$$

经过正则变换以后得到新的正则方程，即

$$\left.\begin{aligned}\frac{\mathrm{d}p_j}{\mathrm{d}t}&=\frac{\partial F^*}{\partial q_j}\\\frac{\mathrm{d}q_j}{\mathrm{d}t}&=-\frac{\partial F^*}{\partial p_j}\end{aligned}\right\}\tag{3-67}$$

因 $F^*(p,\ q)$ 不含 t，故有能量积分

$$F^*(p,q)=\text{const}\tag{3-68}$$

为了新的正则方程降阶，这里需要导入一个参数 t^* 作为下面的运动方程的自变量

$$\left.\begin{aligned}\frac{\mathrm{d}p_j}{\mathrm{d}t^*}&=\frac{\partial F_0}{\partial q_j}\\\frac{\mathrm{d}q_j}{\mathrm{d}t^*}&=-\frac{\partial F_0}{\partial p_j}\end{aligned}\right\}\tag{3-69}$$

于是可得

$$\{F_0,S_k\}=-\frac{\mathrm{d}S_k}{\mathrm{d}t^*}\tag{3-70}$$

假如可以找到一个正则变换，将新的哈密顿函数 F^* 中的 t^* 消除，那么这个新的运动方程［式（3-67）］除了能量积分［式（3-68）］外还可以得到新的首次积分

$$F_0^*(p,q)=\text{const}\tag{3-71}$$

这是因为

$$\begin{aligned}0&=\frac{\mathrm{d}}{\mathrm{d}t^*}F^*(p,q)=\{F^*,F_0\}=-\{F_0,F^*\}\\&=-\frac{\mathrm{d}}{\mathrm{d}t}F_0(p,q)=-\frac{\mathrm{d}}{\mathrm{d}t}F_0^*(p,q)\end{aligned}$$

为了消除参数 t^*，可以用积分平均的办法。以 A_s 表示函数 $A(t^*)$ 的平均值，A_p 表示其剩余部分，$A_p=A-A_s$，在分析上有

$$A_s=\lim_{T\to\infty}\frac{1}{T}\int_0^T A(t^*)\,\mathrm{d}t^*\tag{3-72}$$

如果 A 是 t^* 的周期函数，用 T_p 表示它的周期，那么式（3-72）变成

$$A_s = \frac{1}{T_p}\int_0^{T_p} A(t^*)\,\mathrm{d}t^*$$

因此可以采用这样一个从 ξ_j ，η_j 到 p_j ，q_j 的正则变换，将方程（3－61）降阶。具体的做法是

$$\left.\begin{aligned}
&F_0^*(p,q) = F_0(p,q)\\
&F_1^*(p,q) = F_{1s}\\
&S_1 = \int F_{1p}\,\mathrm{d}t^*\\
&F_2^*(p,q) = F_{2s} + \frac{1}{2}\{F_1 + F_1^*, S_1\}_s\\
&S_2 = \int \left(F_{2p} + \frac{1}{2}\{F_1 + F_1^*, S_1\}_p\right)\mathrm{d}t^*\\
&\vdots
\end{aligned}\right\} \tag{3-73}$$

这里用到了关系式

$$\frac{\mathrm{d}S_k}{\mathrm{d}t} = -\{F_0, S_k\}$$

如果需要，这个过程还可以一直继续进行下去。若要进一步寻求一个从 p_j ，q_j 到 p_j' ，q_j' 的正则变换，其生成函数为 $S^*(p',q')$ ，新的哈密顿函数为 $F^{**}(p', q')$ ，则

$$F^{**}(p',q') = F^*(p,q) \tag{3-74}$$

取

$$F_0^{**}(p',q') = F_0^*(p,q) \tag{3-75}$$

则

$$\sum_{k=1} F_k^{**}(p',q') = \sum_{k=1} F_k^*(p,q) \tag{3-76}$$

这时 $F_1^*(p', q')$ 起了上一次变换中的 $F_0(p, q)$ 的作用。

再次利用正则方程

$$\left.\begin{aligned}
\frac{\mathrm{d}p'}{\mathrm{d}t^{**}} &= \frac{\partial F_1^*}{\partial q'}\\
\frac{\mathrm{d}q'}{\mathrm{d}t^{**}} &= -\frac{\partial F_1^*}{\partial p'}
\end{aligned}\right\} \tag{3-77}$$

来导出参变量 t^{**} 。对于新的正则变换的要求是，在新的哈密顿函数中不含这个新的参变量。这样就可以得到一个新的首次积分

$$F_1^*(p',q')=\text{const} \tag{3-78}$$

于是对新的正则变换的具体要求是，变换后应满足

$$\left.\begin{aligned}&F_1^{**}(p',q')=F_1^*(p',q')\\&F_2^{**}(p',q')=F_{2s}^*\\&S_1^*=\int F_{2p}^*\,\mathrm{d}t^{**}\\&\vdots\end{aligned}\right\} \tag{3-79}$$

式中，S_k^* 满足

$$\varepsilon S^*(p',q')=\sum_k S_k^*(p',q') \tag{3-80}$$

$$S_k^*=O(\varepsilon^k) \tag{3-81}$$

$$A_s=\lim_{T\to\infty}\frac{1}{T}\int_0^T A(t^{**})\,\mathrm{d}t^{**} \tag{3-82}$$

$$A_p=A-A_s \tag{3-83}$$

这一过程可以根据需要继续下去，从而获得更多的积分，使方程的阶不断地下降。

3.5 地球引力场非中心力项的摄动

从本节开始，将具体推导各种主要扰动力对卫星轨道产生的摄动。本节先讨论地球引力场非中心力项引起的摄动。地球引力场位函数 U 的常用表达式为

$$U=\frac{\mu}{r}\left[1-\sum_{n=2}^{\infty}J_n\left(\frac{R_e}{r}\right)^n P_n(\sin\phi)+\sum_{n=2}^{\infty}\sum_{m=1}^{n}\left(\frac{R_e}{r}\right)^n P_{nm}(\sin\phi)(C_{nm}\cos m\lambda+S_{nm}\sin m\lambda)\right] \tag{3-84}$$

式中，$P_n(x)$ 是勒让德多项式，即

$$P_n(x)=\frac{1}{2^n n!}\frac{\mathrm{d}^n}{\mathrm{d}x^n}(x^2-1)^n \tag{3-85}$$

$P_{nm}(x)$ 是缔合勒让德函数，即

$$P_{nm}(x)=(1-x^2)^{\frac{m}{2}}\frac{\mathrm{d}^m}{\mathrm{d}x^m}P_n(x) \tag{3-86}$$

R_e 为地球赤道半径；λ 和 ϕ 分别是地理经度和地心纬度。对应于 J_n 的一些项称为带谐调和项，对应于 C_{nm} 与 S_{nm} 的项称为田谐调和项。其中 $U_0=\mu/r$ 称为中心力项，记

$$R=U-\frac{\mu}{r} \tag{3-87}$$

式中，R 称为非中心力项，又称为扰动位，它所产生的扰动力引起对二体问题轨道的摄动就是本节讨论的内容。

本节主要介绍布劳威（Brouwer）[4] 的工作。他的工作是基于德洛内变量 l，g，h，L，G，H，采用冯·柴倍尔（Von Zeipel）变换进行的。本节改用前面介绍的正则变换和摄动方法来推导，所获得的解与布劳威的结果完全相同。对于扰动位，这里只考虑带谐调和项 J_2，J_3，J_4 的影响，故具体有

$$R=-\frac{\mu}{r}\left[J_2\left(\frac{R_e}{r}\right)^2\left(\frac{3}{2}\sin^2\phi-\frac{1}{2}\right)+J_3\left(\frac{R_e}{r}\right)^3\left(\frac{5}{2}\sin\phi-\frac{3}{2}\right)\sin\phi+\right.$$
$$\left.J_4\left(\frac{R_e}{r}\right)^4\left(\frac{35}{8}\sin^4\phi-\frac{15}{4}\sin^2\phi+\frac{3}{8}\right)\right] \tag{3-88}$$

因为德洛内变量是正则变量，其摄动运动方程可以表示为正则形式，即

$$\left.\begin{aligned}\frac{\mathrm{d}L}{\mathrm{d}t}=\frac{\partial F}{\partial l},\quad \frac{\mathrm{d}l}{\mathrm{d}t}=-\frac{\partial F}{\partial L}\\ \frac{\mathrm{d}G}{\mathrm{d}t}=\frac{\partial F}{\partial g},\quad \frac{\mathrm{d}g}{\mathrm{d}t}=-\frac{\partial F}{\partial G}\\ \frac{\mathrm{d}H}{\mathrm{d}t}=\frac{\partial F}{\partial h},\quad \frac{\mathrm{d}h}{\mathrm{d}t}=-\frac{\partial F}{\partial H}\end{aligned}\right\} \tag{3-89}$$

式中，哈密顿函数 F 可以由下式求出，即

$$F = U - \frac{1}{2}v^2 = \frac{\mu}{r} - \frac{1}{2}v^2 + R = \frac{\mu}{2a} + R = \frac{\mu^2}{2L^2} + R \tag{3-90}$$

式中，v 是卫星的速度；a 是半长轴。

为了便于求解，还需将扰动位 R 用德洛内变量表示出来。

利用二体问题的关系式及其导出关系

$$\left.\begin{aligned}
&\sin\phi = \sin i \sin(g+f) \\
&\sin^2\phi = \frac{1}{2}\sin^2 i\,[1-\cos(2g+2f)] \\
&\sin^3\phi = \sin^3 i\left[\frac{3}{4}\sin(g+f) - \frac{1}{4}\sin(3g+3f)\right] \\
&\sin^4\phi = \frac{1}{8}\sin^4 i\,[3-4\cos(2g+2f)+\cos(4g+4f)]
\end{aligned}\right\} \tag{3-91}$$

将式（3-91）代入式（3-88）便得

$$\begin{aligned}
R = & -\frac{\mu^2 J_2 R_e^2}{G^3}\frac{G}{r^2}\left\{\frac{1}{4}(1-3\cos^2 i)(1+e\cos f) - \right.\\
& \left.\frac{3}{4}(1-\cos^2 i)\left[\cos(2g+2f)+\frac{e}{2}\cos(2g+3f)+\frac{e}{2}\cos(2g+f)\right]\right\} - \\
& \frac{\mu^3 J_3 R_e^3}{G^5}\frac{G}{r^2}\left[\frac{3}{8}(1-5\cos^2 i)e\sin i\sin g + \cdots\right] - \\
& \frac{\mu^4 J_4 R_e^4}{G^7}\frac{G}{r^2}\left\{\frac{3}{64}(3-30\cos^2 i+35\cos^4 i)\left(1+\frac{3}{2}e^2\right) - \right.\\
& \left.\frac{15}{64}(1-8\cos^2 i+7\cos^4 i)e^2\cos 2g + \cdots\right\}
\end{aligned} \tag{3-92}$$

式中忽略掉的部分都与真近点角 f 有关，在一阶解的推导中可以将其忽略。把 J_2 看成是一阶小参数，并认为 J_3，J_4 与 J_2^2 同阶，则哈密顿函数可以表示成

$$F = F_0 + F_1 + F_2 + \cdots \tag{3-93}$$

其中

$$
\left.\begin{aligned}
&F_0 = \frac{\mu^2}{2L^2} \\
&F_1 = -\frac{\mu^2 J_2 R_e^2}{G^3}\frac{G}{r^2}\left\{\frac{1}{4}(1-3\cos^2 i)(1+e\cos f)-\right. \\
&\qquad \frac{3}{4}(1-\cos^2 i)\left[\cos(2g+2f)+\frac{e}{2}\cos(2g+f)+\right. \\
&\qquad \left.\left.\frac{e}{2}\cos(2g+3f)\right]\right\} \\
&F_2 = -\frac{\mu^3 J_3 R_e^3}{G^5}\frac{G}{r^2}\left[\frac{3}{8}(1-5\cos^2 i)e\sin i\sin g+\cdots\right]- \\
&\qquad \frac{\mu^4 J_4 R_e^4}{G^7}\frac{G}{r^2}\left[\frac{3}{64}(3-30\cos^2 i+35\cos^4 i)\left(1+\frac{3}{2}e^2\right)-\right. \\
&\qquad \left.\frac{15}{64}(1-8\cos^2 i+7\cos^4 i)e^2\cos 2g+\cdots\right]
\end{aligned}\right\}
\tag{3-94}
$$

做下列基于李级数的正则变换

$$
\left.\begin{aligned}
&L = L' + J_2\{L',S\} + \frac{1}{2}J_2^2\{\{L',S\},S\} + O(J_2^3) \\
&G = G' + J_2\{G',S\} + \frac{1}{2}J_2^2\{\{G',S\},S\} + O(J_2^3) \\
&H = H' + J_2\{H',S\} + \frac{1}{2}J_2^2\{\{H',S\},S\} + O(J_2^3) \\
&l = l' + J_2\{l',S\} + \frac{1}{2}J_2^2\{\{l',S\},S\} + O(J_2^3) \\
&g = g' + J_2\{g',S\} + \frac{1}{2}J_2^2\{\{g',S\},S\} + O(J_2^3) \\
&h = h' + J_2\{h',S\} + \frac{1}{2}J_2^2\{\{h',S\},S\} + O(J_2^3)
\end{aligned}\right\}
\tag{3-95}
$$

记

$$J_2 S = S_1 + S_2 + \cdots$$
$$S_k = O(J_2^k)$$

则式（3-95）可以写成

$$\left.\begin{aligned}
L &= L' + \frac{\partial S_1}{\partial l'} + O(J_2^2) \\
G &= G' + \frac{\partial S_1}{\partial g'} + O(J_2^2) \\
H &= H' + \frac{\partial S_1}{\partial h'} + O(J_2^2) \\
l &= l' - \frac{\partial S_1}{\partial L'} + O(J_2^2) \\
g &= g' - \frac{\partial S_1}{\partial G'} + O(J_2^2) \\
h &= h' - \frac{\partial S_1}{\partial H'} + O(J_2^2)
\end{aligned}\right\} \tag{3-96}$$

经过变换以后的哈密顿函数 F^* 根据式（3-66）可以表示为

$$\left.\begin{aligned}
F_0^* &= F_0 \\
F_1^* &= F_1 + \{F_0, S_1\} \\
F_2^* &= F_2 + \{F_0, S_2\} + \frac{1}{2}\{F_1 + F_1^*, S_1\} \\
&\vdots
\end{aligned}\right\} \tag{3-97}$$

式（3-97）中所有的函数都是以新的带撇的变量为自变量。

因为 $F_0 = \mu^2/2L'^2$，所以下述正则方程

$$\left.\begin{aligned}
\frac{\mathrm{d}L'}{\mathrm{d}t^*} &= \frac{\partial F_0}{\partial l'},\ \frac{\mathrm{d}l'}{\mathrm{d}t^*} = -\frac{\partial F_0}{\partial L'} \\
\frac{\mathrm{d}G'}{\mathrm{d}t^*} &= \frac{\partial F_0}{\partial g'},\ \frac{\mathrm{d}g'}{\mathrm{d}t^*} = -\frac{\partial F_0}{\partial G'} \\
\frac{\mathrm{d}H'}{\mathrm{d}t^*} &= \frac{\partial F_0}{\partial h'},\ \frac{\mathrm{d}h'}{\mathrm{d}t^*} = -\frac{\partial F_0}{\partial H'}
\end{aligned}\right\} \tag{3-98}$$

是二体问题的运动方程，所不同的是参变量是 t^*，而不是真实的时间 t。上述方程的解中，L'，G'，H'，g'，h' 相对于 t^* 皆为常

数，而

$$l' = \frac{\mu}{L'^3} t^* + l'_0 \tag{3-99}$$

对于以 t^* 为参变量的二体问题，应有

$$\frac{\mathrm{d}f'}{\mathrm{d}t^*} = \frac{G'}{r'^2} \tag{3-100}$$

设 $A(t^*)$ 是以 T 为周期的周期函数，记

$$\left.\begin{aligned} A_s &= \frac{1}{T}\int_0^T A(t^*)\,\mathrm{d}t^* \\ A_p &= A - A_s \end{aligned}\right\} \tag{3-101}$$

于是可以按下述方式来确定新的哈密顿函数 F^* 和生成函数 S [参见式（3-78）]

$$\left.\begin{aligned} F_0^* &= F_0 = \frac{\mu}{2L'^2} \\ F_1^* &= F_{1s} \\ S_1 &= \int F_{1p}\,\mathrm{d}t^* \\ F_2^* &= F_{2s} + \frac{1}{2}\{F_1 + F_1^*, S_1\}_s \\ S_2 &= \int \left(F_{2p} + \frac{1}{2}\{F_1 + F_1^*, S_1\}_p\right)\mathrm{d}t^* \\ &\vdots \end{aligned}\right\} \tag{3-102}$$

按照上述过程确定的 F^* 中已不含 t^*，故也不含 l'，亦即在新的哈密顿函数中消去了变量 l'。在具体推导 F_k 及 S_k 时将利用式（3-100）做积分变量的替换

$$A_s = \frac{1}{T}\int_0^T A(t^*)\,\mathrm{d}t^* = \frac{n'}{2\pi}\int_0^{2\pi} A(t^*)\,\frac{r'^2}{G'}\mathrm{d}f' \tag{3-103}$$

式中，$n' = \mu/L'^3$，是二体问题的平均运动。将 F 的具体表达式代入，便可推导出

$$F_1^* = -\frac{\mu^2 J_2 a_e^2}{4G^3}(1 - 3\cos^2 i)\,n \tag{3-104}$$

$$S_1=\frac{\mu^2J_2R_e^2}{4G^3}\{(1-3\cos^2 i)(l-f-e\sin f)+$$
$$\frac{1}{2}(1-\cos^2 i)[3\sin(2g+2f)+3e\sin(2g+f)+$$
$$e\sin(2g+3f)]\}$$
$$(3-105)$$

$$F_2^*=\frac{\mu^4J_2^2R_e^4}{4G^7}n\Big[\frac{3}{32}(5-18\cos^2 i+5\cos^4 i)(1-e^2)+$$
$$\frac{3}{8}(1-6\cos^2 i+9\cos^4 i)(1-e^2)^{\frac{1}{2}}-\frac{15}{32}(1-2\cos^2 i-7\cos^4 i)+$$
$$\frac{3}{16}(1-16\cos^2 i+15\cos^4 i)e^2\cos 2g\Big]-$$
$$\frac{3\mu^3J_3R_e^3}{8G^5}n(1-5\cos^2 i)e\sin i\sin g-$$
$$\frac{3\mu^4J_4R_e^4}{64G^7}n\Big[(3-30\cos^2 i+35\cos^4 i)\left(1+\frac{3}{2}e^2\right)-$$
$$5(1-8\cos^2 i+7\cos^4 i)e^2\cos 2g\Big]$$
$$(3-106)$$

上述三式右边部分各量都是带撇的变量，为书写方便将撇号忽略。因这里只推导一阶解，故不需要求出 S_2。

于是在新的哈密顿函数中已不再含有角变量 l'。由于它同时也不含角变量 h'，故可得到两个积分：$L'=\text{const}$，$H'=\text{const}$。于是新的正则方程降阶为

$$\left.\begin{aligned}\frac{\mathrm{d}L'}{\mathrm{d}t}&=0, & \frac{\mathrm{d}l'}{\mathrm{d}t}&=-\frac{\partial F^*}{\partial L'}\\ \frac{\mathrm{d}G'}{\mathrm{d}t}&=\frac{\partial F^*}{\partial g'}, & \frac{\mathrm{d}g'}{\mathrm{d}t}&=-\frac{\partial F^*}{\partial G'}\\ \frac{\mathrm{d}H'}{\mathrm{d}t}&=0, & \frac{\mathrm{d}h'}{\mathrm{d}t}&=-\frac{\partial F^*}{\partial H'}\end{aligned}\right\}\qquad(3-107)$$

式中，哈密顿函数 F^* 为

$$F^*=F_0^*+F_1^*+F_2^*+\cdots\qquad(3-108)$$

接着再做一次基于李级数的正则变换

$$\left.\begin{aligned}
L' &= L'' \\
G' &= G'' + J_2\{G'', S^*\} + O(J_2^2) \\
H' &= H'' \\
l' &= l'' + J_2\{l'', S^*\} + O(J_2^2) \\
g' &= g'' + J_2\{g'', S^*\} + O(J_2^2) \\
h' &= h'' + J_2\{h'', S^*\} + O(J_2^2)
\end{aligned}\right\} \tag{3-109}$$

式中，生成函数 S^* 只是 L''，G''，H''，g'' 的函数，记

$$\left.\begin{aligned}
J_2 S^* &= S_1^* + S_2^* + \cdots \\
S_k^* &= O(J_2^k),\ k = 1, 2, \cdots
\end{aligned}\right\} \tag{3-110}$$

于是式（3-109）可以写成

$$\left.\begin{aligned}
L' &= L'' \\
G' &= G'' + \frac{\partial S_1^*}{\partial g''} + O(J_2^2) \\
H' &= H'' \\
l' &= l'' - \frac{\partial S_1^*}{\partial L''} + O(J_2^2) \\
g' &= g'' - \frac{\partial S_1^*}{\partial G''} + O(J_2^2) \\
h' &= h'' - \frac{\partial S_1^*}{\partial H''} + O(J_2^2)
\end{aligned}\right\} \tag{3-111}$$

经过这一变换后的哈密顿函数 F^{**} 变为

$$\left.\begin{aligned}
F_0^{**} &= F_0^*(L'') \\
F_1^{**} &= F_1^*(L'', G'', H'') \\
F_2^{**} &= F_2^* + \{F_1^*, S_1^*\} \\
&\vdots
\end{aligned}\right\} \tag{3-112}$$

要求变换后的新的正则变量满足下述方程

$$\left.\begin{aligned}
\frac{\mathrm{d}L''}{\mathrm{d}t^{**}}&=\frac{\partial F_1^{**}}{\partial l''}, & \frac{\mathrm{d}l''}{\mathrm{d}t^{**}}&=-\frac{\partial F_1^{**}}{\partial L''}\\
\frac{\mathrm{d}G''}{\mathrm{d}t^{**}}&=\frac{\partial F_1^{**}}{\partial g''}, & \frac{\mathrm{d}g''}{\mathrm{d}t^{**}}&=-\frac{\partial F_1^{**}}{\partial G''}\\
\frac{\mathrm{d}H''}{\mathrm{d}t^{**}}&=\frac{\partial F_1^{**}}{\partial h''}, & \frac{\mathrm{d}h''}{\mathrm{d}t^{**}}&=-\frac{\partial F_1^{**}}{\partial H''}
\end{aligned}\right\} \tag{3-113}$$

为了从 F^{**} 中消去 t^{**}，取

$$\left.\begin{aligned}
F_0^{**}&=F_0^{*}(L'')\\
F_1^{**}&=F_1^{*}(L'',G'',H'')\\
F_2^{**}&=F_{2s}^{*}\\
S_1^{*}&=\int(F_2^{*}-F_2^{**})\,\mathrm{d}t^{**}
\end{aligned}\right\} \tag{3-114}$$

式中，F_{2s}^{*} 是 F_2^{*} 的平均值，故

$$\begin{aligned}
F_2^{**}=&\frac{\mu^4J_2^2R_e^4}{4G^7}n\left[\frac{3}{32}(5-18\cos^2 i+5\cos^4 i)(1-e^2)+\right.\\
&\left.\frac{3}{8}(1-6\cos^2 i+9\cos^4 i)(1-e^2)^{\frac{1}{2}}-\frac{15}{32}(1-2\cos^2 i-7\cos^4 i)\right]-\\
&\frac{3\mu^4J_4R_e^4}{64G^7}n\left[(3-30\cos^2 i+35\cos^4 i)\left(1+\frac{3}{2}e^2\right)\right]
\end{aligned} \tag{3-115}$$

又因

$$\mathrm{d}t^{**}=-\left(\frac{\partial F_1^{*}}{\partial G''}\right)^{-1}\mathrm{d}g''$$

故

$$\begin{aligned}
S_1^{*}=&-\left(\frac{\partial F_1^{*}}{\partial G''}\right)^{-1}\int(F_2^{*}-F_2^{**})\,\mathrm{d}g''\\
=&-\frac{\mu^2J_2R_e^2}{32G^3}(1-5\cos^2 i)(1-16\cos^2 i+15\cos^4 i)e^2\sin 2g-\\
&\frac{\mu J_3R_e}{2J_2G}e\sin i\cos g-\frac{5\mu^2J_4R_e^2}{32J_2G^3}(1-5\cos^2 i)(1-8\cos^2 i+7\cos^4 i)e^2\sin 2g
\end{aligned} \tag{3-116}$$

式（3－116）与式（3－115）中的各个变量均应理解为带两撇的变量。经过两次变换后已将所有的角变量从哈密顿函数中消去，F^{**} 只是 L''，G''，H'' 的函数，最后的正则方程为

$$\left.\begin{aligned}&\frac{\mathrm{d}L''}{\mathrm{d}t}=0,\quad \frac{\mathrm{d}l''}{\mathrm{d}t}=-\frac{\partial F^{**}}{\partial L''}\\&\frac{\mathrm{d}G''}{\mathrm{d}t}=0,\quad \frac{\mathrm{d}g''}{\mathrm{d}t}=-\frac{\partial F^{**}}{\partial G''}\\&\frac{\mathrm{d}H''}{\mathrm{d}t}=0,\quad \frac{\mathrm{d}h''}{\mathrm{d}t}=-\frac{\partial F^{**}}{\partial H''}\end{aligned}\right\}\tag{3-117}$$

解得

$$\left.\begin{aligned}&L''=L''_0,\ G''=G''_0,\ H''=H''_0\\&l''=-\frac{\partial F^{**}}{\partial L''}(t-t_0)+l''_0\\&g''=-\frac{\partial F^{**}}{\partial G''}(t-t_0)+g''_0\\&h''=-\frac{\partial F^{**}}{\partial H''}(t-t_0)+h''_0\end{aligned}\right\}\tag{3-118}$$

对于一阶解只需取 $F^{**}=F_0^{**}+F_1^{**}+F_2^{**}$，于是求得

$$\begin{aligned}l''=n(t-t_0)\Big\{&1-\frac{3}{4}\varepsilon\eta(1-3c^2)-\\&\frac{3}{128}\varepsilon^2\eta[15-16\eta-25\eta^2-(30-96\eta-90\eta^2)c^2-\\&(105+144\eta+25\eta^2)c^4]-\\&\frac{45}{128}\frac{J_4}{J_2^2}\varepsilon^2\eta e^2(3-30c^2+35c^4)\Big\}+l''_0\end{aligned}\tag{3-119}$$

$$\begin{aligned}g''=n(t-t_0)\Big\{&-\frac{3}{4}\varepsilon(1-5c^2)-\\&\frac{3}{128}\varepsilon^2[35-24\eta-25\eta^2-(90-192\eta-126\eta^2)c^2-\\&(385+360\eta+45\eta^2)c^4]-\\&\frac{15}{128}\frac{J_4}{J_2^2}\varepsilon^2[21-9\eta^2-(270-126\eta^2)c^2+(385-189\eta^2)c^4]\Big\}+g''_0\end{aligned}\tag{3-120}$$

$$h'' = nc(t - t_0)\left\{-\frac{3}{2}\varepsilon - \frac{3}{32}\varepsilon^2[5 - 12\eta - 9\eta^2 + (35 + 36\eta + 5\eta^2)c^2] - \frac{15}{32}\frac{J_4}{J_2^2}\varepsilon^2(5 - 3\eta^2)(3 - 7c^2)\right\} + h''_0 \tag{3-121}$$

其中

$$\varepsilon = \frac{\mu^2 J_2 R_e^2}{G^4},\ \eta = (1 - e^2)^{\frac{1}{2}}, c = \cos i$$

式中所有的变量都应理解为带两撇的变量。

根据式（3-60），对于老变量的任一函数 $f(l,g,h,L,G,H)$ 都可以表示为

$$f(l,g,h,L,G,H) = f(l'',g'',h'',L'',G'',H'') + \{f,S_1\} + \{f,S_1^*\} + O(J_2^2) \tag{3-122}$$

因此对于开普勒轨道要素便有

$$\left.\begin{aligned} a &= a'' + \{a'',S_1\} + O(J_2^2) \\ e &= e'' + \{e'',S_1\} + \{e'',S_1^*\} + O(J_2^2) \\ i &= i'' + \{i'',S_1\} + \{i'',S_1^*\} + O(J_2^2) \\ l &= l'' + \{l'',S_1\} + \{l'',S_1^*\} + O(J_2^2) \\ g &= g'' + \{g'',S_1\} + \{g'',S_1^*\} + O(J_2^2) \\ h &= h'' + \{h'',S_1\} + \{h'',S_1^*\} + O(J_2^2) \end{aligned}\right\} \tag{3-123}$$

若以 σ 表示任一轨道要素，则上式可一般地表示为

$$\left.\begin{aligned} \sigma &= \sigma'' + \sigma_s + \sigma_l \\ \sigma_s &= \{\sigma'',S_1\} \\ \sigma_l &= \{\sigma'',S_1^*\} \end{aligned}\right\} \tag{3-124}$$

式中，σ'' 为平均轨道要素；σ_l 和 σ_s 分别为长周期和短周期摄动。

长周期摄动的表达式为

$$a_l = 0 \tag{3-125}$$

$$e_l = \frac{\varepsilon}{16}[(1-11c^2)-40c^4(1-5c^2)^{-1}]\eta^2 e\cos 2g -$$

$$\frac{J_3}{2J_2^2}\frac{\varepsilon a\eta^4}{a_e}s\sin g + \frac{5J_4}{16J_2^2}\varepsilon[(1-3c^2)-8c^4(1-5c^2)^{-1}]\eta^2 e\cos 2g \tag{3-126}$$

$$i_l = -\frac{\varepsilon c}{16s}[(1-11c^2)-40c^4(1-5c^2)^{-1}]e^2\cos 2g +$$

$$\frac{J_3 c}{2J_2^2}\frac{\varepsilon p}{a_e}e\sin g - \frac{5J_4 c}{16J_2^2 s}\varepsilon[(1-3c^2)-8c^4(1-5c^2)^{-1}]e^2\cos 2g \tag{3-127}$$

$$l_l = \frac{\varepsilon\eta^3}{16}[(1-11c^2)-40c^4(1-5c^2)^{-1}]\sin 2g +$$

$$\frac{J_3}{2J_2^2 e}\frac{\varepsilon p}{a_e}\eta^3 s\cos g + \frac{5J_4}{16J_2^2}\varepsilon\eta^3[(1-3c^2)-8c^4(1-5c^2)^{-1}]\sin 2g \tag{3-128}$$

$$g_l = \frac{\varepsilon}{32}[-(2+e^2)+11(2+3e^2)c^2+40(2+5e^2)c^4(1-5c^2)^{-1}+$$

$$400e^2c^6(1-5c^2)^{-2}]\sin 2g - \frac{J_3}{2J_2^2 es}\frac{\varepsilon p}{a_e}[1-(1+e^2)c^2]\cos g +$$

$$\frac{5J_4}{32J_2^2}\varepsilon[-(2+e^2)+3(2+3e^2)c^2+8(2+5e^2)c^4(1-5c^2)^{-1}+$$

$$80e^2c^6(1-5c^2)^{-2}]\sin 2g \tag{3-129}$$

$$h_l = -\frac{\varepsilon}{16}c[11+80c^2(1-5c^2)^{-1}+200c^4(1-5c^2)^{-2}]e^2\sin 2g -$$

$$\frac{J_3 c}{2J_2^2 s}\frac{\varepsilon p}{R_e}e\cos g - \frac{5J_4}{16J_2^2}\varepsilon[3+16c^2(1-5c^2)^{-1}+40c^4(1-5c^2)^{-2}]e^2\sin 2g \tag{3-130}$$

短周期摄动的表达式为

$$a_s = -\frac{\varepsilon}{2} a \eta^4 \left[(1-3c^2) \left(\frac{a^3}{r^3} - \eta^{-3} \right) - 3 \frac{a^3}{r^3} s^2 \cos(2g+2f) \right] \tag{3-131}$$

$$e_s = -\frac{\varepsilon}{4e} \eta^6 \{ (1-3c^2) \left(\frac{a^3}{r^3} - \eta^{-3} \right) - 3 \left(\frac{a^3}{r^3} - \eta^{-4} \right) s^2 \cos(2g+2f) + \eta^{-4} s^2 [3e\cos(2g+f) + e\cos(2g+3f)] \} \tag{3-132}$$

$$i_s = \frac{\varepsilon}{4} cs [3\cos(2g+2f) + 3e\cos(2g+f) + e\cos(2g+3f)] \tag{3-133}$$

$$l_s = \frac{\varepsilon}{4e} \eta^3 \left\{ (1-3c^2) \left(1 + \frac{a^2}{r^2} \eta^2 + \frac{a}{r} \right) \sin f - \frac{1}{2} s^2 \left[3 \left(1 - \frac{a^2}{r^2} \eta^2 - \frac{a}{r} \right) \sin(2g+f) - \left(1 + 3 \frac{a^2}{r^2} \eta^2 + \frac{3a}{r} \right) \sin(2g+3f) \right] \right\} \tag{3-134}$$

$$g_s = \frac{\varepsilon}{4e} \eta^2 \left\{ (3c^2-1) \left(1 + \frac{a^2}{r^2} \eta^2 + \frac{a}{r} \right) \sin f + \frac{1}{2} s^2 \left[3 \left(1 - \frac{a^2}{r^2} \eta^2 - \frac{a}{r} \right) \sin(2g+f) + \left(1 + 3 \frac{a^2}{r^2} \eta^2 + 3 \frac{a}{r} \right) \sin(2g+3f) \right] \right\} + \frac{\varepsilon}{4} \{ 3(1-5c^2)(l - f - e\sin f) + \frac{1}{2}(3-5c^2) [3\sin(2g+2f) + 3e\sin(2g+f) + e\sin(2g+3f)] \} \tag{3-135}$$

$$h_s = \frac{\varepsilon c}{4} \{ 6(l - f - e\sin f) + [3\sin(2g+2f) + 3e\sin(2g+f) + e\sin(2g+3f)] \} \tag{3-136}$$

上述摄动公式中右端的变量皆为带两撇的变量，即平均轨道要素或它们的函数。式中还用 s 表示 $\sin i$ ，c 表示 $\cos i$ 。通常称平均轨道要素的变化为长期摄动。由上述结果可知，L''，G''，H'' 无长期摄动，即 a''，e''，i'' 无长期摄动。

3.6　大气阻力摄动

对于近地卫星，特别是轨道较低的卫星，大气阻力的影响是十分显著的。由于大气阻力始终作用在卫星上，即使这个力并不很大，但长时间的累积效应也会很大。

大气对卫星所产生的阻力加速度 $\boldsymbol{F}$ 可表示为

$$\boldsymbol{F}=-\frac{1}{2}C_D\frac{A}{M}\rho v\boldsymbol{v} \tag{3-137}$$

式中　C_D ——阻力系数；

A ——卫星沿速度方向的投影面积，称为迎风面积；

M ——卫星质量；

ρ ——大气密度；

v，$\boldsymbol{v}$ ——卫星的速度大小和速度矢量。

处理大气阻力摄动问题用高斯型摄动方程比较方便。假定高空大气不随地球自转而旋转，则阻力加速度的法向分量为零，而径向和横向的分量分别为

$$\begin{aligned}R&=-\frac{1}{2}k\rho v v_r\\T&=-\frac{1}{2}k\rho v v_\theta\end{aligned} \tag{3-138}$$

其中

$$k=C_D\frac{A}{M}$$

式中　v_r，v_θ ——径向和横向的速度分量。

将加速度三分量的表达式代入高斯型摄动方程得到

$$\frac{\mathrm{d}a}{\mathrm{d}t}=-na^2(1-e^2)^{-\frac{3}{2}}k\rho(1+2e\cos f+e^2)^{\frac{3}{2}}$$

$$\frac{\mathrm{d}e}{\mathrm{d}t}=-na(1-e^2)^{-\frac{1}{2}}k\rho(1+2e\cos f+e^2)^{\frac{1}{2}}(\cos f+e)$$

$$\frac{\mathrm{d}\Omega}{\mathrm{d}t}=\frac{\mathrm{d}i}{\mathrm{d}t}=0$$

$$\frac{\mathrm{d}M}{\mathrm{d}t}=n+na(1-e^2)^{\frac{1}{2}}e^{-1}k\rho(1+2e\cos f+e^2)^{\frac{1}{2}}\sin f\left(1+\frac{e^2}{1+e\cos f}\right)$$

$$\frac{\mathrm{d}\omega}{\mathrm{d}t}=-na(1-e^2)^{-\frac{1}{2}}e^{-1}k\rho(1+2e\cos f+e^2)^{\frac{1}{2}}\sin f$$

(3 - 139)

由于不考虑大气的旋转，大气阻力不改变轨道平面的定向。方程的右端出现了真近点角 f，对于方程的积分很不方便，为此可利用下面的关系式将积分变量换成偏近点角

$$\frac{\mathrm{d}E}{\mathrm{d}t}=\frac{na}{r},\ \cos f=\frac{\cos E}{1-e\cos E},\ \sin f=\frac{\sqrt{1-e^2}\sin E}{1-e\cos E}$$

于是关于 a，e，ω，M 的四个方程变为

$$\frac{\mathrm{d}a}{\mathrm{d}E}=-a^2k\rho(1+e\cos E)^{\frac{3}{2}}(1-e\cos E)^{-\frac{1}{2}}$$

$$\frac{\mathrm{d}e}{\mathrm{d}E}=-a(1-e^2)k\rho(1+e\cos E)^{\frac{1}{2}}(1-e\cos E)^{-\frac{1}{2}}\cos E$$

$$\frac{\mathrm{d}\omega}{\mathrm{d}E}=-a(1-e^2)^{\frac{1}{2}}e^{-1}k\rho(1+e\cos E)^{\frac{1}{2}}(1-e\cos E)^{-\frac{1}{2}}\sin E$$

$$\frac{\mathrm{d}M^*}{\mathrm{d}E}=a(1-e^2)^{\frac{3}{2}}e^{-1}k\rho(1+e\cos E)^{\frac{1}{2}}(1-e\cos E)^{-\frac{1}{2}}\sin E$$

$$\left[1+\frac{e^2(1-e^2)}{1-e\cos E}\right]$$

$$\frac{\mathrm{d}M^*}{\mathrm{d}t}=\frac{\mathrm{d}M}{\mathrm{d}t}-n$$

(3 - 140)

为了对式（3 - 140）进行积分，还需将大气密度表示成轨道根

数的函数。为此一般都将大气密度表示为指数模型

$$\rho=\rho_p\exp\left(-\frac{r-r_p}{H}\right) \tag{3-141}$$

式中　ρ_p ——近地点的大气密度；

r_p ——近地点的地心距；

H ——密度标高。

因为

$$r=a(1-e\cos E)$$
$$r_p=a(1-e)$$

故

$$r-r_p=ae(1-\cos E)$$

于是

$$\rho=\rho_p\exp\left(-\frac{ae}{H}\right)\exp\left(\frac{ae}{H}\cos E\right) \tag{3-142}$$

将大气密度表达式（3-142）代入式（3-140），并在一个轨道圈内积分后得

$$\begin{aligned}\Delta a&=\int_0^{2\pi}\frac{\mathrm{d}a}{\mathrm{d}E}\mathrm{d}E\\&=-2\pi a^2k\rho_p\exp\left(-\frac{ae}{H}\right)[I_0+2eI_1+O(e^2)]\end{aligned} \tag{3-143}$$

$$\begin{aligned}\Delta e&=\int_0^{2\pi}\frac{\mathrm{d}e}{\mathrm{d}E}\mathrm{d}E\\&=-2\pi ak\rho_p\exp\left(-\frac{ae}{H}\right)\left[I_1+\frac{1}{2}e(I_0+I_2)+O(e^2)\right]\end{aligned} \tag{3-144}$$

$$\Delta\omega=0 \tag{3-145}$$

$$\Delta M^*=\int_0^{2\pi}\frac{\mathrm{d}M^*}{\mathrm{d}E}\mathrm{d}E=0$$

$$\Delta M=\int_0^T n\,\mathrm{d}t+\int_0^{2\pi}\frac{\mathrm{d}M^*}{\mathrm{d}E}\mathrm{d}E=\int_0^T n\,\mathrm{d}t$$

因为

$$n = n_0 + \dot{n}t = n_0 - \frac{3n_0}{2a_0}\dot{a}t$$

故有

$$\Delta M = n_0 T - \frac{3n_0}{4a_0}\dot{a}T^2 = 2\pi - \frac{3}{2}\pi\frac{\dot{a}T}{a_0} = 2\pi - \frac{3}{2}\pi\frac{\Delta a}{a_0}$$

平近点角 M 在一个轨道圈内的总变化中包含了无摄动的 2π 和纯摄动部分 $\Delta\widetilde{M}$

$$\Delta\widetilde{M} = -\frac{3}{2}\pi\frac{\Delta a}{a_0} = 3\pi^2 ak\rho_p \exp\left(-\frac{ae}{H}\right)[I_0 + 2eI_1 + O(e^2)] \tag{3-146}$$

上述各式中的 I_n 是虚变量的第一类贝塞尔函数，其表达式为

$$I_n = \frac{1}{2\pi}\int_0^{2\pi}\exp\left(\frac{ae}{H}\cos E\right)\cos nE\,\mathrm{d}E$$

对于圆轨道（特殊情况），大气阻力摄动变得很简单

$$\begin{aligned} \Delta a &= -2\pi a^2 k\rho \\ \Delta e &= 0 \\ \Delta\widetilde{M} &= 3\pi^2 ak\rho \end{aligned} \tag{3-147}$$

圆轨道的半长轴的摄动还可以通过能量的关系导出。卫星运动的机械能为 $-\mu/2a$，在一圈内的变化为

$$\Delta\left(-\frac{\mu}{2a}\right) = \frac{\mu}{2a^2}\Delta a$$

另一方面，这一变化是由于卫星克服大气阻力做功的结果，在一周内所做的功是

$$2\pi a\frac{1}{2}k\rho v^2 = \pi ak\rho\frac{\mu}{a} = \mu\pi k\rho$$

因而有

$$\frac{\mu}{2a^2}\Delta a = -\mu\pi k\rho$$

即

$$\Delta a = -2\pi a^2 k\rho \tag{3-148}$$

在近地卫星的轨道分析设计中，大气阻力的影响是不可忽略的，而大部分问题最后都归结为估算半长轴的变化。对于估算这一变化，式（3-148）是个很有用的关系式。因为至今还没有一个非常精确的大气密度模型，指数模型也只是一种近似，而且大气密度是随时间和地点的不同而变化的；另一方面，绝大部分近地轨道的应用卫星都是小偏心率的轨道，用圆轨道来近似有足够的精确度。

参考文献

［1］ HORI G. Pub. Astron. Soc. Japan，1966，18，287.

［2］ DEPRIT A. Celestial mech. 1969，1，12.

［3］ KAMEL A. Celestial mech. 1969，1，190.

［4］ BROUWER D. Astron. 1959，64，378.

第 4 章　常用的地球卫星轨道

4.1　概述

在地球卫星轨道中有一些具有某种特性的轨道，这种特性在航天工程中已经得到有效的应用。

4.2　地球同步轨道

地球同步轨道（Geosynchronous Orbit）是卫星轨道运动周期与地球自转周期相等的轨道。地球在惯性空间的自转周期是一个恒星日，即 23 小时 56 分 04 秒。

根据开普勒第三定律，轨道半长轴 a 与周期 T 的关系为

$$a^3 = \frac{\mu T^2}{4\pi^2}$$

由 $T = 86\ 164.1$ s，算得 $a = 42\ 164.2$ km，因此对于圆地球同步轨道卫星，它们相对于赤道的地面平均高度是 35 786 km，通常人们简约地说成是 36 000 km。

图 4-1 所示为四条不同的地球同步卫星的地面轨迹，它们的倾角均为 28.5°，升交点的地理经度从左到右分别是 30°，60°，90°，120°，最左边的轨迹对应的是圆轨道，其余三条都是偏心率为 0.1 的椭圆轨道。两条 8 字形的轨迹的轨道近地点幅角都是 0°，两条纺锤状的轨迹的轨道近地点幅角分别为 90°（右）和 270°（左）。图中标识的卫星位置都在近地点。

从卫星地面轨迹可以明显地看出，卫星每天都在地球的特定地区上空盘旋，因此这种轨道对于通信、导航、气象类卫星系统的应用是很有利的。

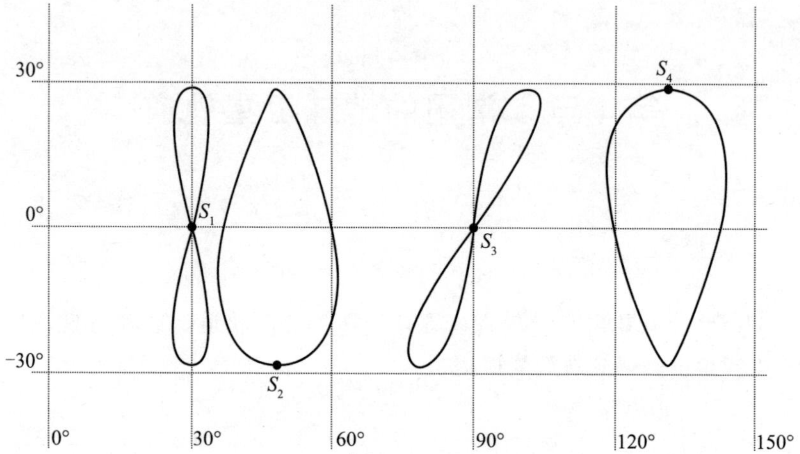

图 4-1　地球同步卫星的星下点轨迹

在地球同步轨道中最常用的是赤道定点或静止轨道(Geostationary Orbit)，它们的地面轨迹是一个静止的点。

赤道定点卫星对地面的覆盖范围是一个很重要的参数，其可以根据简单的几何关系算出，如图 4-2 所示。

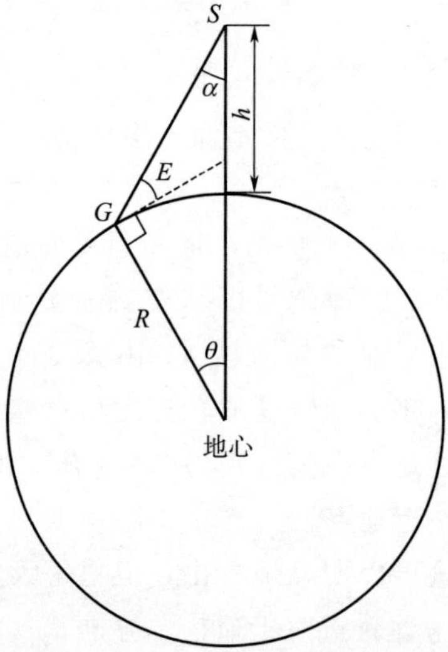

图 4-2　地面观测范围示意

$$\theta = \arccos\left[\frac{R}{R+h}\cos^2 E + \sin E\sqrt{1-\left(\frac{R}{R+h}\right)^2\cos^2 E}\right]$$

对于仰角 E 为 10°的情况，地面覆盖的地心半锥角 $\theta = 71.5°$。因此，如果在赤道上以 120°等间隔布置三颗定点卫星，就可以实现绝大部分地区的通信。

4.3 临界倾角轨道

考虑地球引力场带谐调和项 J_2 的影响，近地点幅角的进动率为

$$\dot{\omega} = -\frac{3}{4}J_2\left(\frac{a_e}{p}\right)^2 n(1-5\cos^2 i)$$

当 $1-5\cos^2 i = 0$，即 $i = 63.435°$ 或 $116.565°$ 时，$\dot{\omega} = 0$，轨道的拱线停止进动。这种倾角的轨道称为临界倾角轨道，将这种特性的轨道用于航天工程的一个很著名的例子是俄罗斯的通信卫星闪电号(Molniya)，这颗卫星采用了周期为 12 小时的大椭圆的临界倾角轨道，偏心率为 0.72，近地点幅角为 270°，近地点在南半球，远地点位于北纬 63.43°的上空，远地点高度约为 39 000 km，近地点高度约为 1 000 km，卫星在远地点的运行速度非常小，卫星大部分时间都处于北半球的高纬度地区，利用这种轨道的卫星来进行区域通信是十分有效的（见图 4－3）。

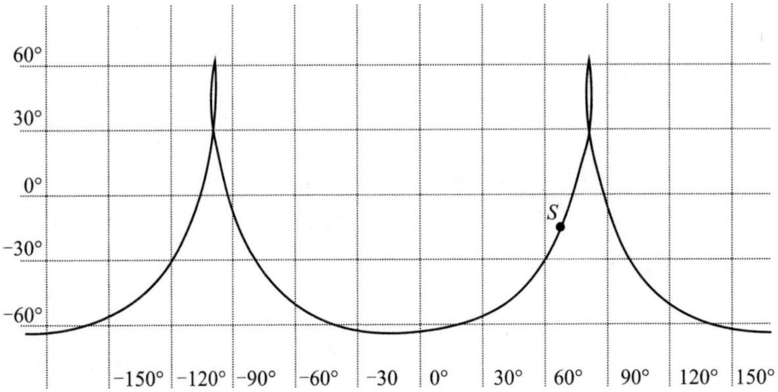

图 4－3　闪电号的星下点轨迹

4.4 近地遥感卫星的轨道

4.4.1 近地遥感卫星的几种特殊轨道

(1) 太阳同步轨道

太阳同步轨道是轨道面旋转速率与地球绕太阳公转速率相同的轨道。将地球公转速率记为 $n_{\oplus}$，则太阳同步轨道的升交点赤经变化率应满足

$$\dot{\Omega} = n_{\oplus}$$

如果只考虑地球引力场带谐调和项 J_2 的影响，则

$$\dot{\Omega} = -\frac{3}{2}J_2\left(\frac{R_e}{p}\right)^2 n\cos i$$

太阳同步轨道主要用于近地遥感卫星，轨道的偏心率都非常小，在升交点赤经变化率 $\dot{\Omega}$ 的表达式中可以把偏心率忽略掉，于是太阳同步轨道只需其半长轴和倾角满足约束关系式

$$-\frac{3}{2}J_2\left(\frac{R_e}{a}\right)^2\sqrt{\frac{\mu}{a^3}}\cos i = n_{\oplus} \tag{4-1}$$

(2) 回归轨道

回归轨道是经过整数天以后，卫星的地面轨迹在原位置重复的轨道，现在国际上常称其为重复轨道，我们所熟悉的地球同步轨道就是一种特殊的回归轨道，卫星只需运行一天就回到原来的位置，正因为如此，国际上有些学者把回归轨道也归入地球同步轨道。在讨论回归轨道时需要涉及交点日和交点周期的概念。

交点日是地球相对于轨道升交点旋转一周所需的时间，因此交点日 T_n 的表达式为

$$T_n = \frac{2\pi}{\omega_e - \dot{\Omega}}$$

式中　ω_e ——地球自转角速度。

在定义交点周期以前，先回忆一下二体问题的周期 T，它与半长轴 a 之间存在一个简单的关系，即

$$T=\frac{2\pi}{n},n=\sqrt{\frac{\mu}{a^{3}}}$$

这就是开普勒第三定律。在考虑了地球引力场摄动后，这个周期就推广为近点周期的概念，近点周期 $\bar{T}$ 定义为

$$\bar{T}=\frac{2\pi}{\dot{\bar{M}}},\dot{\bar{M}}=n-\frac{3J_{2}}{4}\left(\frac{R_{e}}{p}\right)^{2}n\eta(1-3c^{2})$$

于是

$$\bar{T}=\frac{2\pi}{n}\left[1+\frac{3J_{2}}{4}\left(\frac{R_{e}}{p}\right)^{2}\eta(1-3c^{2})\right]$$

近点周期的物理意义是卫星在进动椭圆上从近地点运动到近地点的时间。对于近地卫星来说，更具有实用意义的周期是交点周期，即卫星在进动椭圆轨道上绕地球运行一周的时间，很显然交点周期 T_{Ω} 应定义为

$$T_{\Omega}=\frac{2\pi}{\dot{\bar{\omega}}+\dot{\bar{M}}} \tag{4-2}$$

$$T_{\Omega}=\frac{2\pi}{n}\left\{1+\frac{3}{4}J_{2}\left(\frac{R_{e}}{p}\right)^{2}[(1-5c^{2})+\eta(1-3c^{2})]\right\}$$

近地轨道的对地观测卫星绝大部分都采用近圆轨道，其偏心率的量级为千分之一，忽略掉偏心率所引起的误差为 $O(J_{2}^{3})$，可以简化为

$$T_{\Omega}=\frac{2\pi}{n}\left[1+\frac{3}{2}J_{2}\left(\frac{R_{e}}{\bar{a}}\right)^{2}(1-4c^{2})\right] \tag{4-3}$$

仍然记 $T=\dfrac{2\pi}{n}$，并称其为平周期，则有

$$T_{\Omega}=T\left[1+\frac{3}{2}J_{2}\left(\frac{R_{e}}{\bar{a}}\right)^{2}(1-4c^{2})\right]$$

有了交点周期的定义就可以计算出任意的回归轨道的有关参数。

如果卫星在 D 个交点日内运行 R 圈（D 与 R 互为质数），则其交点周期应满足

$$T_{\Omega}=\frac{2\pi}{\omega_e-\dot{\Omega}}\cdot\frac{D}{R} \tag{4-4}$$

将式（4-3）和式（4-4）两式联立就可以对任意一个倾角求出相应的半长轴。

如果要求轨道既是太阳同步轨道又是回归轨道，则半长轴和倾角应同时满足式（4-1）、式（4-3）和式（4-4）三个关系式。太阳同步的回归轨道的交点日恰好是平太阳日。

（3）冻结轨道

在讨论太阳同步轨道及回归轨道时只涉及进动椭圆，即只考虑轨道的长期摄动，在长期运行过程中轨道还包含一项长周期摄动，如果只考虑地球引力场 J_2，J_3 项的影响，偏心率向量 $(e\cos\omega,\ e\sin\omega)$ 的长周期摄动为

$$\begin{aligned}
e^*\cos\omega^* &= \bar{e}\cos\bar{\omega}+\frac{J_2R_e^2}{64p^2}\{[4A_1s^2+(A_2-2A_1s^2)\bar{e}^2]\bar{e}\cos\bar{\omega}-\\
&\quad (A_2+2A_1s^2)\bar{e}^3\cos3\bar{\omega}\}+\frac{J_3R_e}{4J_2p}(1-2c^2)\frac{\bar{e}^2}{s}\sin2\bar{\omega}\\
e^*\sin\omega^* &= \bar{e}\sin\bar{\omega}-\frac{J_2R_e^2}{64p^2}\{[4A_1s^2+(A_2-2A_1s^2)\bar{e}^2]\bar{e}\sin\bar{\omega}+\\
&\quad (A_2+2A_1s^2)\bar{e}^3\sin3\bar{\omega}\}-\\
&\quad \frac{J_3R_e}{4J_2p}\left[\left(2s-\frac{\bar{e}^2}{s}\right)+\frac{\bar{e}^2}{s}(1-2c^2)\cos2\bar{\omega}\right]
\end{aligned} \tag{4-5}$$

其中

$$p=a(1-e^2)$$

$$\eta=\sqrt{1-e^2}$$

$$s=\sin i$$

$$c=\cos i$$

$$A_1=\frac{1-15c^2}{1-5c^2},A_2=1-33c^2-\frac{200c^4}{1-5c^2}-\frac{400c^6}{(1-5c^2)^2}$$

$$A_3=11+\frac{80c^2}{1-5c^2}+\frac{200c^4}{(1-5c^2)^2}$$

式中　R_e ——地球赤道半径。

如果忽略 $\bar{e}$ 的二阶以上的项，轨道的偏心率向量的长期摄动为

$$\begin{aligned} e^*\cos\omega^* &= \bar{e}\cos\bar{\omega} \\ e^*\sin\omega^* &= \bar{e}\sin\bar{\omega}+e_f \end{aligned} \tag{4-6}$$

式中，e_f 是一个常数，称为冻结偏心率，在这里

$$e_f=-\frac{J_3R_e s}{2J_2 a} \tag{4-7}$$

因为 $J_2>0$，$J_3<0$，故有 $e_f>0$，则当 $\bar{e}=0$ 时由式（4-5）可以解得

$$e^*=e_f,\ \omega^*=\frac{\pi}{2} \tag{4-8}$$

这种特殊的轨道就是 1978 年 Cutting 等人[1]首次提出的冻结轨道。从前面的分析可以看出，冻结轨道如果用平根数来表述就是精确的圆轨道。本人在 1998 年发表的一篇论文中首次揭示了这一事实（见参考文献［2］）。

如果用向量的形式来表示

$$\boldsymbol{e}=\begin{bmatrix} e\cos\omega \\ e\sin\omega \end{bmatrix},\ \boldsymbol{e}_f=\begin{bmatrix} 0 \\ e_f \end{bmatrix}$$

则式（4-6）可以表示为

$$\boldsymbol{e}^*=\bar{\boldsymbol{e}}+\boldsymbol{e}_f$$

这种变化可以用图形来表示，如图 4-4 所示。

对于太阳同步轨道，偏心率向量 $\bar{\boldsymbol{e}}$ 将沿顺时针方向转动，周期约 4 个月。由式（4-6）和图 4-4 可得出

$$e^*=\sqrt{\bar{e}^2+2\bar{e}e_f\sin\bar{\omega}+e_f^2} \tag{4-9}$$

$$|e_f-\bar{e}|\leqslant e^*\leqslant e_f+\bar{e} \tag{4-10}$$

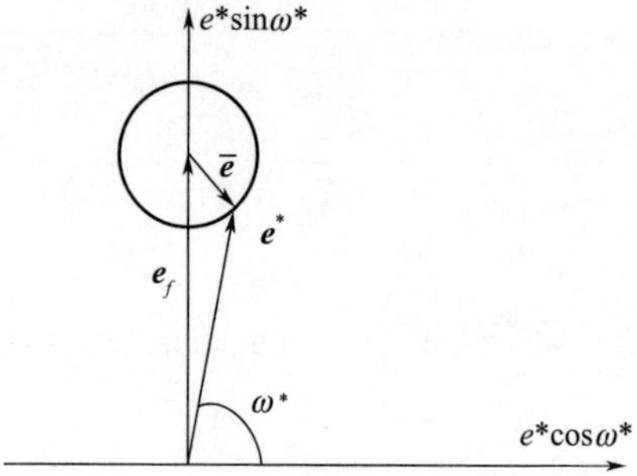

图 4－4　冻结轨道变化示意图

如果 $\bar{e} > e_f$ ，则 ω^* 可以遍历 0°～360°的任一值；如果 $\bar{e} \leqslant e_f$ ，则 ω^* 在下述范围内变化

$$\arccos \frac{\bar{e}}{e_f} \leqslant \omega^* \leqslant \pi - \arccos \frac{\bar{e}}{e_f} \tag{4-11}$$

随着 $\bar{e}$ 逐渐变小，实际的偏心率 e^* 的振荡幅度也逐渐变小。如果 $\bar{e}=0$，则

$$\boldsymbol{e}^* = \boldsymbol{e}_f \tag{4-12}$$

即偏心率向量不再变化，轨道冻结。于是

$$\left.\begin{aligned} e^* &= e_f \\ \omega^* &= \pi/2 \end{aligned}\right\} \tag{4-13}$$

因此，冻结轨道如果用 Brouwer 平根数来表述，它是一个精确的圆轨道。由此可见，对于常用的圆轨道我们必须说明它的确切的概念，否则会引起不可忽略的误差。

高性能的卫星遥感系统要求卫星在不同时间通过同一地区时的高度尽可能不变，如果采用一般的太阳同步回归轨道而不是冻结轨道，由于椭圆轨道在轨道面内转动，卫星在通过同一纬度地区时的高度可以有几十千米的变化，这就需要对卫星高度进行控制，而这是推进剂消耗量相当大的轨道机动。冻结轨道是动力学方程的一个稳定平衡解，一旦轨道调整到冻结轨道标称值的附近，以后的轨道将在冻结轨道附近的一个小范围内振荡，不需要再对高度进行主动的控制。

在有关冻结轨道的文章中，作者常常要对这种特性的机理进行解释，其中一种较普遍的说法是：近地点幅角的长期摄动和长周期摄动相互抵消了。这种说法是似是而非的，这两种完全不同特性的摄动如何抵消？实际上，无论偏心率多小，近地点幅角的平根数 $\bar{\omega}$ 仍然存在正常的变化，反映了平均轨道在轨道平面内的转动。当 $\bar{e}=0$ 时，平均轨道变为圆轨道，这时虽无近地点可言，但 $\bar{\omega}\neq 0$。这说明整个圆轨道仍然在平面内正常地转动。

冻结轨道的存在是由于地球引力场南北不对称，表现在引力场的模型中带谐调和项的奇阶系数不为零，如果将模型中所有带谐调和项的系数式都包括，则冻结轨道的偏心率应为

$$e_f=-\frac{4\sum_{n=1}^{\infty}J_{2n+1}\left(\frac{R_e}{a}\right)^{2n-1}\frac{n}{(n+1)(2n+1)}P_{2n+1}^{1}(0)P_{2n+1}^{1}(\cos i)}{3J_2(1-5\cos^2 i)} \tag{4-14}$$

式（4－5）是 $e^*\sin\omega^*$ 频谱分析式，其中包含一个常值项，即冻结轨道的偏心率 e^*。当 $\bar{e}=0$ 时，频谱中的所有周期项全部消失，但这个常值项仍然存在。表 4－1 列出了四条特殊的太阳同步回归轨道的平均轨道参数，它们分别是每天运行 13、14、15、16 整圈的轨道。

表 4－1　四条特殊的太阳同步回归轨道的平均轨道参数（地球半径 6 371 km）

圈数	半长轴/km	倾角/(°)	交点周期/min	平均高度/km
13	7 635.262	100.726 0	110.769 2	1 257.1
14	7 266.470	99.007 16	102.857 1	895.5
15	6 939.142	97.659 05	96.000 00	568.1
16	6 646.283	96.583 18	90.000 00	275.3

4.4.2　回归轨道的轨迹漂移与保持

轨迹的保持控制可以通过定期的半长轴调整来实现。大气阻力

产生的半长轴变化率为 $\dot{a}$ 及轨迹保持的半长轴调整为 Δa，$\dot{a}$ 与 Δa 引起的卫星在轨道上运行的纬度幅角的变化 Δu 为

$$\Delta u = -\frac{3n}{2a}\left(\Delta a t + \frac{1}{2}\dot{a} t^2\right) \tag{4-15}$$

式中　n ——平均运动即平均角速度。

卫星的地面轨迹在赤道上漂移的角度 $\Delta\lambda$ 与 Δu 有确切的对应关系，即

$$\Delta\lambda = \frac{T}{T_L}\Delta u \tag{4-16}$$

式中　T，T_L ——卫星运动和地球自转的周期。

于是得到

$$\Delta\lambda = -\frac{T}{T_L}\cdot\frac{3n}{2a}\left(\Delta a t + \frac{1}{2}\dot{a} t^2\right) = -\frac{3\pi}{T_L a}\left(\Delta a t + \frac{1}{2}\dot{a} t^2\right) \tag{4-17}$$

如果把轨迹的漂移用距离 ΔL 来表示（向东为正），则有

$$\Delta L = R\Delta\lambda = -\frac{3\pi R}{T_L a}\left(\Delta a t + \frac{1}{2}\dot{a} t^2\right) \tag{4-18}$$

式中　R ——地球赤道半径；

Δa ——相对于标称半长轴的偏置量（见图 4-5）。

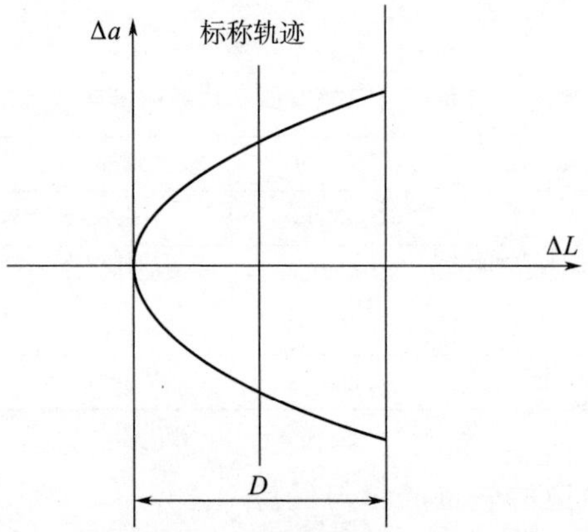

图 4-5　轨迹漂移与控制

由此得到轨迹的漂移率为

$$\frac{\mathrm{d}(\Delta L)}{\mathrm{d}t}=-\frac{3\pi R}{T_L a}(\Delta a+\dot{a}t) \tag{4-19}$$

如果不对轨迹进行控制，即 $\Delta a=0$，则轨迹将向东漂移，与时间的平方成正比

$$\Delta L=R\Delta\lambda=-\frac{3\pi R\dot{a}t^2}{2T_L a} \tag{4-20}$$

因此，必须定期调整半长轴，而且应使 $\Delta a>0$，调整的位置是轨迹保持范围的东边界。在施加控制后轨迹将向西漂移，停止漂移的时刻是

$$t_s=-\frac{\Delta a}{\dot{a}} \tag{4-21}$$

这时半长轴下降到标称值。在这之后半长轴继续减小，轨迹将转为向东漂移，当 $t=2t_s$ 时，轨迹漂移到前一次施加控制的位置。

由此可以导出轨迹漂移范围的宽度为

$$D=-\frac{3\pi R(\Delta a)^2}{2a\dot{a}T_L} \tag{4-22}$$

由允许轨迹漂移的范围 D，可以求出半长轴的调整量为

$$\Delta a=\sqrt{-\frac{2a\dot{a}T_L D}{3\pi R}} \tag{4-23}$$

控制的半周期 t_s 应为

$$t_s=\sqrt{-\frac{2aT_L D}{3\pi R\dot{a}}} \tag{4-24}$$

由轨迹漂移的关系式可以计算半长轴的误差所引起的轨迹漂移量，即

$$\Delta L=R\Delta\lambda=-\frac{3\pi R\Delta at}{T_L a} \tag{4-25}$$

参 考 文 献

［1］ CUTTING E，BORN G H，FRAUTNICK J C. Orbit Analysis for SEASAT－A［J］. The Journal of the Astronautical Sciences，1978，26（4）：315－342.

［2］ 杨维廉. 基于 Brouwer 平根数的冻结轨道［J］. 中国空间科学技术，1998，18（5）：13－18.

附录　太阳同步回归轨道的长期演变与控制

杨维廉

摘　要： 近地轨道的对地遥感卫星绝大部分都采用太阳同步回归轨道。这类轨道由于受到大气阻力的影响，半长轴将不断地衰变并导致地面轨迹的东漂，为保持回归特性需周期性地对半长轴进行调整。另一类长期变化是太阳引力引起的倾角长期的变化，这是太阳同步轨道特有的。倾角长期的变化又进一步导致回归轨道的标称半长轴和降交点地方时的相应变化。本文给出了这些变化的解析模型以及轨道控制的策略。

关键词： 对地遥感卫星；太阳同步轨道；回归轨道；轨道控制

Long - term Evolution and Control for Sunsynchronous and Recursive Orbit

Abstract: Most of near earth remote sensing satellites adopt sunsynchronous and recursive orbits. The semi - major axes of the orbits are subject to decay and their ground tracks consequently will drift to the east because of the inference of atmosphere drag. Another long - term variation is the change of orbit inclination caused by solar attraction which is peculiarly result of synchronicity. Long - term inclination variation will induce the relevant changes both of the nominal semi - major axes and local time of descending nodes. The analytical modes of the evolution and the strategy for orbit control are given in this paper.

Keywords：Earth remote sensing satellite；Sunsynchronous orbit；Recursive orbit；Orbit control

1 引言

近地轨道的对地遥感卫星绝大部分都采用太阳同步轨道，所谓太阳同步就是卫星轨道面和太阳的周年视运动同步绕着地球的极轴以每天约一度的角速率自西向东旋转，于是太阳光对轨道面照射的角度将保持基本不变而且周年重复，这对可见光的遥感，对热控和电源系统的设计都是有利的。这类卫星通常同时采用回归轨道，使卫星星下点的地面轨迹经过特定的一段时间后重复再现。

近地卫星由于受到大气阻力的影响轨道高度将不断下降，这是轨道半长轴衰变的结果。由此引起的轨道周期的缩短使得地面轨迹的位置向东漂移，使轨迹的重复性受到破坏，这就需要进行周期性的轨迹保持，轨迹保持是通过对半长轴衰变的周期性补偿来实现的。对于稳定性要求不高或运行寿命较短的卫星，可以只进行这种控制来保持轨迹的回归特性。

太阳同步轨道还存在一种特有的倾角长期变化，这是由于太阳引力摄动所产生的共振。倾角变化有两方面的影响，一是导致降交点地方时变化，二是改变回归轨道半长轴的标称值。对于长寿命且稳定性要求很高的卫星，特别是由若干颗卫星组成的卫星网需要认真分析影响，并进行定期的倾角控制来了修正这种影响。

本文给出了分析这些影响的数学模型以及修正这些影响的轨道控制策略。

2 太阳同步回归轨道

由于地球引力场带谐项的影响，卫星轨道的升交点赤经 Ω 将产生长期摄动，考虑主要部分 J_2 的影响[1]，有

$$\dot{\Omega} = -\frac{3}{2} J_2 \left(\frac{R_e}{a}\right)^2 n \cos i \tag{1}$$

式中　R_e——地球赤道半径；

n——平均运动，即平均角速度。

在上式中我们已忽略了与偏心率 e 有关的项。

设地球在惯性空间中绕太阳公转的平均角速度为 $n_{\oplus}$，若升交点赤经的变化率 $\dot{\Omega}$ 满足

$$\dot{\Omega}=n_{\oplus} \tag{2}$$

则称这样的轨道为太阳同步轨道。

为了定义回归轨道需要引出“交点日”和“交点周期”[2-4]的概念。

地面相对于轨道运动的角速度记为 ω_{Ω}，则

$$\omega_{\Omega}=\omega_e-\dot{\Omega} \tag{3}$$

式中　ω_e——地球在惯性空间中的自转角速度。

因此地球相对于轨道面旋转一周的时间 T_e 为

$$T_e=\frac{2\pi}{\omega_{\Omega}} \tag{4}$$

类似于恒星日和太阳日的定义，可以称 T_e 为“交点日”。很明显，当 $\dot{\Omega}=n_{\oplus}$ 时，即轨道是太阳同步轨道时交点日等于平太阳日。

卫星轨道的交点周期定义为卫星相继通过升（降）交点的时间间隔。如果只考虑 J_2 项的影响并记交点周期为 T_{Ω}，则

$$T_{\Omega}=\frac{2\pi}{\dot{M}+\dot{\omega}} \tag{5}$$

其中

$$\dot{M}+\dot{\omega}=n\left\{1-\frac{3}{2}J_2\left(\frac{R_e}{a}\right)^2(1-4\cos^2 i)\right\} \tag{6}$$

若存在正整数 D 及 N 满足

$$NT_{\Omega}=DT_e \tag{7}$$

则卫星在经过 D 个交点日正好运行 N 圈后，其地面轨迹开始重复，这样的轨道称为回归轨道或重复轨道。

对于回归轨道，由式（4）～式（7）可以导出半长轴和倾角的

约束关系为

$$n\left\{1-\frac{3}{2}J_2\left(\frac{R_e}{a}\right)^2\left(1-4\cos^2 i+\frac{R}{D}\cos i\right)\right\}=\frac{R}{D}\omega_e \tag{8}$$

太阳同步轨道可以不是回归轨道，回归轨道也不一定是太阳同步轨道。只有兼具两者特性的轨道才是太阳同步回归轨道。

3 太阳引力对轨道倾角的摄动

太阳引力引起的轨道倾角的摄动可以近似为[5,6]

$$\begin{aligned}\frac{\mathrm{d}i}{\mathrm{d}t}=&\frac{3n_{\oplus}^2}{8n}\cos i[\sin i^*(1+\cos i^*)\sin(2u^*-\Omega)+\\&2\sin i^*\cos i^*\sin\Omega+\sin i^*(1-\cos i^*)\sin(2u^*+\Omega)-\\&\frac{3n_{\oplus}^2}{16n}\sin i[(1+\cos i^*)^2\sin(2u^*-2\Omega)-2\sin^2 i^*\sin 2\Omega-\\&(1-\cos i^*)^2\sin(2u^*+2\Omega)]\end{aligned} \tag{9}$$

式中 i^* ——黄道倾角；

u^* ——太阳的平黄经。

对于太阳同步轨道有 $\dot{u}^*=\dot{\Omega}$ ，将出现下述的共振项

$$\frac{\mathrm{d}i}{\mathrm{d}t}=-\frac{3n_{\oplus}^2}{16n}\sin i\,(1+\cos i^*)^2\sin(2u^*-2\Omega) \tag{10}$$

如果降交点地方时为10：30，则 $2u^*-2\Omega=45°$ ，由此算得 $\frac{\mathrm{d}i}{\mathrm{d}t}=-0.033(°)/\mathrm{year}$ 。

4 大气阻力引起的轨迹漂移与控制

高层大气阻力对轨道的影响主要是使半长轴 a 衰变，其变化率是

$$\dot{a}=-C_D\frac{A}{m}na^2\rho \tag{11}$$

式中 C_D ——阻力系数；

A ——最大迎风面积；

m ——卫星质量；

n ——卫星平均运动角速度；

ρ ——对应高度上的大气密度。

对于近圆轨道可以近似地认为这个变化率是个常值。半长轴的衰变将引起轨道周期缩短，卫星平均运动角速度增大

$$\delta n = -\frac{3\bar{n}}{2\bar{a}}\delta a \tag{12}$$

$$\delta a = a - \bar{a}, \; a = a_0 + \dot{a}t \tag{13}$$

式中　$\bar{a}$，$\bar{n}$ ——标称值；

a ——随时间变化的半长轴；

a_0 —— $t=0$ 时的半长轴。

因此卫星在轨道上的角位置相对于标称位置的差是

$$\delta u = \int_0^t \delta n \, \mathrm{d}t = -\frac{3\bar{n}}{2\bar{a}}\left(\Delta a t + \frac{1}{2}\dot{a}t^2\right) \tag{14}$$

其中

$$\Delta a = a_0 - \bar{a} \tag{15}$$

对应的实际轨迹与标称轨迹的经度差为

$$\delta\lambda = \frac{\omega_e}{\bar{n}}\delta u = -\frac{3\omega_e}{2\bar{a}}\left(\Delta a t + \frac{1}{2}\dot{a}t^2\right) \tag{16}$$

式中　ω_e ——地球相对轨道面旋转的角速度。

如果时间的单位用天来表示，则式（14）和式（16）可分别改写成

$$\delta u = -\frac{3\pi R}{D\bar{a}}\left(\Delta a t + \frac{1}{2}\dot{a}t^2\right) \tag{17}$$

$$\delta\lambda = -\frac{3\pi}{\bar{a}}\left(\Delta a t + \frac{1}{2}\dot{a}t^2\right) \tag{18}$$

从式（18）可以清楚地看出，因为 $\dot{a} < 0$，若 $a_0 \leqslant \bar{a}$，则轨迹的位置差将随时间间隔的平方关系单调增长（轨迹向东漂移）。如果在这个时刻对半长轴进行控制，使 $\Delta a > 0$，则轨迹将向西漂移。由

式（18）可知，轨迹位置差的变化率为

$$\frac{\mathrm{d}(\delta\lambda)}{\mathrm{d}t}=-\frac{3\pi}{\bar{a}}(\Delta a+\dot{a}t) \tag{19}$$

记

$$t_s=-\frac{\Delta a}{\dot{a}}$$

则当 $t=t_s$ 时，有

$$a=\bar{a}\ ,\ \frac{\mathrm{d}(\delta\lambda)}{\mathrm{d}t}=0\ ,\ \delta\lambda=\frac{3\pi\,(\Delta a)^2}{2\bar{a}\,\dot{a}} \tag{20}$$

轨迹停止向西漂移并转为向东漂移。当 $t=2t_s$ 时，有

$$a=\bar{a}-\Delta a\ ,\ \delta\lambda=0\ ,\ \frac{\mathrm{d}(\delta\lambda)}{\mathrm{d}t}=\frac{3\pi\Delta a}{\bar{a}}>0 \tag{21}$$

轨迹漂回到 $t=0$ 时刻的位置，此时如果再次对半长轴进行控制使其恢复到 $t=0$ 时刻的值，即

$$a=a_0=\bar{a}+\Delta a$$

则轨迹将转为向西漂移，重复上一个循环过程。记

$$\Delta\lambda=-\frac{3\pi\,(\Delta a)^2}{2\bar{a}\,\dot{a}}$$

则通过这样的控制就可以使实际的轨迹保持在标称轨迹东西各 $\frac{\Delta\lambda}{2}$ 的范围内。为此半长轴的变化幅度应该是

$$\Delta a=\sqrt{-\frac{2\bar{a}\,\dot{a}\,\Delta\lambda}{3\pi}} \tag{22}$$

每次控制在标称轨迹的东边 $\frac{\Delta\lambda}{2}$ 进行，半长轴的调整量是 $2\Delta a$，调整的时间间隔是 $-\frac{2\Delta a}{\dot{a}}$。

5　倾角摄动的影响

5.1　倾角摄动引起的降交点地方时的变化

地方时的变化可以由对应时刻的升交点赤经 Ω 的变化得到。由

式（1）可得

$$\delta\dot{\Omega}=\frac{3}{2}J_2\left(\frac{R_e}{a}\right)^2 n\sin i\delta i=-\dot{\Omega}\tan i\delta i \tag{23}$$

$$\delta i=i-\bar{i}=i_0+\frac{\mathrm{d}i}{\mathrm{d}t}t-\bar{i} \tag{24}$$

式中，$\bar{i}$ 是标称值。记 $\Delta i=i_0-\bar{i}$，则

$$\delta\Omega=\int_0^t\delta\dot{\Omega}\,\mathrm{d}t=-\dot{\Omega}\tan i\int_0^t\delta i\,\mathrm{d}t=-\dot{\Omega}\tan i\left(\Delta it+\frac{1}{2}\frac{\mathrm{d}i}{\mathrm{d}t}t^2\right) \tag{25}$$

如果以年为单位来表示，式（25）可以写成

$$\delta\Omega=-2\pi\tan i\left(\Delta it+\frac{1}{2}\frac{\mathrm{d}i}{\mathrm{d}t}t^2\right) \tag{26}$$

上述关系式中的固定值 Δi 既可以作为初始偏差用来分析倾角误差引起的地方时的改变，也可以作为倾角的控制量。

以中国和巴西联合研制的 CBERS 卫星为例，它的轨道倾角是 98.5°，降交点地方时是 10 点半，倾角的变化是－0.033（°）/year。根据式（26），即便没有初始偏差，三年后的地方时也将提早 25 分钟，而如果还有－0.1°的初始倾角误差，则三年后的地方时将提早约 75 分钟。

5.2　倾角摄动引起标称半长轴的变化

前文讨论轨迹保持时只考虑了大气阻力的影响，并假定半长轴的标称值始终是不变的，在实际的控制过程中，为了保持轨迹的回归特性可以不关心半长轴标称值的变化。但是由于轨道倾角的变化，半长轴的标称值实际是不断变化的，而轨迹控制的同时也不断地将半长轴的平均值控制到变化的标称值。

根据半长轴和倾角相互约束关系式［式（8）］可以解算出这两种变化之间的关系

$$\dot{\bar{a}}=J_2\left(\frac{R_e}{\bar{a}}\right)^2 a\left(\frac{R}{D}-8\cos i\right)\sin i\,\frac{\mathrm{d}i}{\mathrm{d}t} \tag{27}$$

据此可以算出 CBERS 卫星标称半长轴每年缩短约 54 m。

这一项变化以前是不太注意的，但在 CBERS 和我国其他的实际

运行寿命超过设计寿命的卫星上已经显现出来。平均半长轴的变化导致卫星在轨道上的标称位置也发生变化，这种变化的模型可以由式（17）和式（27）导出

$$\delta u=-\frac{3\pi R}{D}J_2\left(\frac{R_e}{\bar{a}}\right)^2\left(\frac{R}{D}-8\cos i\right)\sin i\left(\Delta i t+\frac{1}{2}\frac{\mathrm{d}i}{\mathrm{d}t}t^2\right) \tag{28}$$

据此可以算出 CBERS 卫星的标称角位置经过 k 年，变化量将会达到 $\delta u=10.8k^2$（°）。对于多颗卫星组成的星座来说将会相应地引起卫星间角距的变化。

6 倾角控制的策略

为了修正倾角变化产生的影响需对倾角进行控制，控制策略有两种。第一种是将它预先做一个偏置而在整个寿命期间不再进行调整，对于设计寿命不太长或允许降交点地方时变化范围比较大的飞行任务可以采用这种策略。CBERS 卫星的轨道采用了倾角偏置的办法以避免设计寿命期间内的倾角修正，但 CBERS－1 正常运行了将近四年，CBERS－2 的寿命也已接近四年，由于这样长的时间未做倾角修正，降交点地方时都较大地偏离了设计值。第二种调整策略是在整个飞行任务中进行多次倾角调整，对于寿命比较长或轨道稳定性要求比较高的情况可以采用这种策略。

由式（26）得到 $\delta\Omega$ 的变化率

$$\frac{\mathrm{d}(\delta\Omega)}{\mathrm{d}t}=-2\pi\tan i\left(\Delta i+\frac{\mathrm{d}i}{\mathrm{d}t}t\right) \tag{29}$$

为了使 $\delta\Omega$ 不会单调变化必须使 Δi 与 $\frac{\mathrm{d}i}{\mathrm{d}t}$ 异号，对于 CBERS 卫星的情况，$\frac{\mathrm{d}i}{\mathrm{d}t}<0$，故要求 $\Delta i>0$。

首先讨论第一种策略。很明显，当 $T_0=-\Delta i/\frac{\mathrm{d}i}{\mathrm{d}t}$ 时，$\delta\Omega$ 达到最大值

$$\delta\Omega(T_0)=\delta\Omega_{\max}=\pi\tan i\ (\Delta i)^2/\frac{\mathrm{d}i}{\mathrm{d}t} \tag{30}$$

如果我们要求在 T 年后寿命终止时还满足 $|\delta\Omega| \leqslant \Delta\Omega_{\max}$ 要求，应该使得

$$\delta\Omega(T) = -\delta\Omega_{\max}$$

据此可得倾角的偏置量为

$$\Delta i = (1-\sqrt{2})\frac{\mathrm{d}i}{\mathrm{d}t}T \tag{31}$$

它与寿命成正比。将式（31）代入式（30）得

$$\delta\Omega_{\max} = \pi\tan i(3-2\sqrt{2})\frac{\mathrm{d}i}{\mathrm{d}t}T^2 \tag{32}$$

$$\Delta a = J_2\left(\frac{R_e}{\bar{a}}\right)^2 a\left(\frac{R}{D}-8\cos i\right)\sin i(1-\sqrt{2})\frac{\mathrm{d}i}{\mathrm{d}t}T \tag{33}$$

$$\Delta u = -\frac{1\ 095\pi R}{D}J_2\left(\frac{R_e}{\bar{a}}\right)^2\left(\frac{R}{D}-8\cos i\right)\sin i\left(\frac{3}{2}-\sqrt{2}\right)\frac{\mathrm{d}i}{\mathrm{d}t}T^2 \tag{34}$$

再来讨论第二种控制策略。假设允许变化的最大范围是 $\Delta\Omega$，根据式（30）有

$$\Delta\Omega = \pi\tan i\ (\Delta i)^2 / \frac{\mathrm{d}i}{\mathrm{d}t}$$

故倾角的偏置量为

$$\Delta i = \sqrt{\frac{\Delta\Omega\dfrac{\mathrm{d}i}{\mathrm{d}t}}{\pi\tan i}} \tag{35}$$

于是有

$$\Delta a = J_2\left(\frac{R_e}{\bar{a}}\right)^2 a\left(\frac{R}{D}-8\cos i\right)\sin i\,\Delta i \tag{36}$$

$$\Delta u = \frac{1\ 095\pi R}{2D}J_2\left(\frac{R_e}{\bar{a}}\right)^2\left(\frac{R}{D}-8\cos i\right)\sin i\ (\Delta i)^2 / \frac{\mathrm{d}i}{\mathrm{d}t} \tag{37}$$

调整的时间间隔为

$$T = -2\Delta i / \frac{\mathrm{d}i}{\mathrm{d}t} \tag{38}$$

这样做就可以使得 $\delta\Omega$ 保持在标称值 $\pm\frac{1}{2}\Delta\Omega$ 的范围内。

最后针对这两种控制策略给出一些参考数据，它们是基于 CBERS 卫星轨道的情况算得的。

对于第一种控制策略，轨道所能实现的稳定性完全由设计寿命决定，如果设计寿命是 T 年，则升交点控制的实际范围是 $\Delta\Omega = 2\Delta\Omega_{\max} = 0.24T^2(°)$，表 1 给出几种不同寿命的飞行任务的相关参数。

表 1 采用倾角预偏置的情况

T /年	$\Delta\Omega$ /(°)	地方时/(′)	Δi /(°)	Δa /km	Δu /(°)
2	0.96	±1.92	0.027 4	0.045 2	7.397
4	3.84	±7.68	0.054 8	0.090 4	29.586
6	8.64	±17.28	0.082 2	0.135 6	66.570

采用倾角预偏置不需要卫星自身进行倾角调整，只需运载火箭略微改变所提供的初轨即可。但运载火箭实际提供的初轨是有偏差的，目前的情况是倾角的最大误差会达到 0.12°，因此还需要考虑采用实时控制的第二种策略。表 2 给出了控制的时间间隔 T 是一年和两年的情况。

表 2 采用第二种控制策略的情况

T /年	$\Delta\Omega$ /(°)	地方时/(′)	Δi /(°)	Δa /km	Δu /(°)
1	0.173	±0.346	0.016 5	0.027 2	2.694
2	0.693	±1.384	0.033	0.054 5	10.778

从表 2 可以明显地看出，在消耗同样的轨控推进剂的前提下，缩短控制的时间间隔可以大大地提高轨道的稳定性。

参考文献

[1] BROUWER D. Solution of the Problem of Artificial Satellite Theory Without Drag [J]. Astronautical Journal，1959，64 (1274)：378 - 397.

[2] 杨维廉. 关于卫星运动的交点周期 [J]. 航天器工程，1997，6 (3)：34 - 38.

[3] CUTTING G H，BORN G H，FRAUTNICK J C. Orbit Analysis For SEASAT - A [J]. Journal of the Astronautical Sciences，1978，16：315 - 342.

[4] KLINKRAD H. Orbit Characteristics of the First ESA Remote Sensing Satellite ERS - 1 [J]. IAF - 85 - 254，1985.

[5] W K KAULA. NASA TN D - 1126，Jan. 1962.

[6] V A CHOBOTOV. Obital Mechanics. American Institute of Aeronautics and Astronautics Inc. 1991.

第 5 章　轨道机动

5.1　概述

轨道力学与经典的天体力学的一个重要的区别就在于轨道机动的研究，不过轨道机动的理论基础仍然是天体力学中的轨道摄动理论。

霍曼（Hoffman）转移是一个经典的结果，它讨论了同一引力中心的两个椭圆轨道之间的最佳转移问题，其非常清楚的现实背景就是太阳系的两个行星轨道之间的转移。人类已经实现了金星、火星和木星等的探测，当然其全过程是比较复杂的，但最基本和不可少的一部分就是霍曼转移。进一步的研究发现，这种双脉冲霍曼转移的最佳特性与两个圆轨道的半径的比值有关。关于这一特性将在 5.2 节中讨论。

本章的重点是 5.3 节和 5.4 节，主要讨论近圆轨道的轨道机动问题。5.3 节轨道控制的动力学方程的基础是在第 3 章中讨论过的高斯型轨道摄动方程，但在工程实际应用中，轨道机动是针对由平根数表示的平均轨道，为了适应这种情况，给出了对平根数进行控制的摄动方程。5.4 节又针对近圆轨道的情况对摄动方程进行了近似，在这个基础上，给出了在工程应用中非常有用的轨道机动的解析解。这个解已经在近地遥感卫星的轨道控制中得到有效的应用。

5.2　霍曼转移

霍曼转移是共面的两个圆轨道之间的最佳双脉冲转移，如图 5-1 所示。

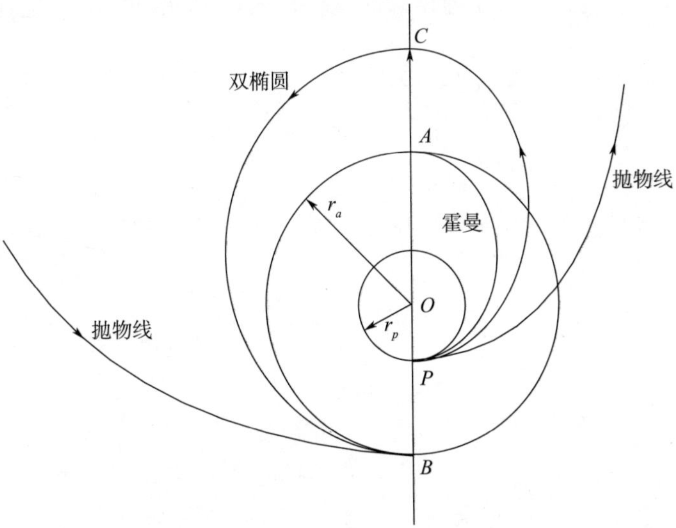

图 5－1　霍曼转移

圆心为 O 的两个共面的同心圆轨道，内圆的半径为 r_p ，外圆的半径为 r_a 。霍曼转移的转移轨道是与内外圆都相切的椭圆轨道，P 和 A 分别是这个椭圆轨道的近地点和远地点。因此

内圆的圆轨道速度为

$$v_{pc}=\sqrt{\frac{\mu}{r_p}}$$

外圆的圆轨道速度为

$$v_{ac}=\sqrt{\frac{\mu}{r_a}}$$

转移轨道近地点速度为

$$v_p=\sqrt{\frac{2\mu r_a}{r_p(r_p+r_a)}}$$

转移轨道远地点速度为

$$v_a=\sqrt{\frac{2\mu r_p}{r_a(r_p+r_a)}}$$

霍曼转移的第一个速度脉冲是在近地点 P 沿切线方向施加（加速），其大小为

$$\Delta v_p = v_p - v_{pc} = \sqrt{\frac{2\mu r_a}{r_p(r_p + r_a)}} - \sqrt{\frac{\mu}{r_p}} = \sqrt{\frac{\mu}{r_p}}\left(\sqrt{\frac{2r_a}{r_p + r_a}} - 1\right) \tag{5-1}$$

霍曼转移的第二个速度脉冲是在远地点 A 沿切线方向施加（加速），其大小为

$$\Delta v_a = v_{ac} - v_a = \sqrt{\frac{\mu}{r_a}} - \sqrt{\frac{2\mu r_p}{r_a(r_p + r_a)}} = \sqrt{\frac{\mu}{r_a}}\left(1 - \sqrt{\frac{2r_p}{r_p + r_a}}\right) \tag{5-2}$$

记 $q = \frac{r_a}{r_p}$，在进行速度增量比较时以内圆速度为基准，可以得到

$$\frac{\Delta v_p}{v_{pc}} = \sqrt{\frac{2q}{1+q}} - 1 \tag{5-3}$$

$$\frac{\Delta v_a}{v_{pc}} = \frac{1}{\sqrt{q}}\left(1 - \sqrt{\frac{2}{1+q}}\right) \tag{5-4}$$

霍曼转移总的速度增量与内圆速度的比值为

$$T_v(q) = \frac{\Delta v_p + \Delta v_a}{v_{pc}} = \left(\sqrt{q} - \frac{1}{\sqrt{q}}\right)\sqrt{\frac{2}{1+q}} + \frac{1}{\sqrt{q}} - 1 \tag{5-5}$$

将这个结果用到地球与火星的情况，$q = 1.524$，$T_v(q) = 0.188$，因此要将火星探测器送到火星的轨道所需的速度增量是地球绕太阳公转速度 29.78 km/s 的 11.8%，即 3.5 km/s。需要说明的是，这里并未考虑地球和火星引力场的影响。函数 $T_v(q)$ 在 $q = 15.582$ 时取得最大值 0.536。

另一个值得注意的情况是，当 $q \to \infty$ 时，$T_v(q) = \sqrt{2} - 1$，从内圆轨道加速为抛物线轨道，即逃逸速度；当 $q = 3.304$ 时，也有 $T_v(q) = \sqrt{2} - 1$，也就是当外圆的半径是内圆半径的 3.304 倍时，从内圆转移到外圆所需的总的速度增量相当于内圆轨道的逃逸速度。

可见对于较大的 q 值，将飞行器送到行星轨道要比将其送出太阳系消耗更多的能量。

对于较大的 q 值存在比霍曼更省能量的转移轨道（称之为双椭圆轨道），其做法是第一个速度增量使探测器进入一个更大的椭圆轨道，机动后的近地点速度变为 v'_p，远地点为 C，远地距为 r_c。飞行器到达 C 点时的速度是 v_{c1}，然后将速度增加到 v_{c2}，使其变成更大的椭圆，这个椭圆的近地点必须位于外圆的 B 点上，它的速度记为 v_b，最后再做一次机动使其减速为外圆的圆周速度，从而完成所设定的轨道转移。这是一种三脉冲轨道转移，速度分别是

$$v'_p=\sqrt{\frac{2\mu r_c}{r_p(r_p+r_c)}}\,,\ v_{c1}=\sqrt{\frac{2\mu r_p}{r_c(r_p+r_c)}}$$

$$v_{c2}=\sqrt{\frac{2\mu r_a}{r_c(r_a+r_c)}}\,,\ v_b=\sqrt{\frac{2\mu r_c}{r_a(r_a+r_c)}}$$

速度增量分别是

$$\Delta v'_1=v'_p-v_{pc}=v_{pc}\left[\sqrt{\frac{2r_c}{(r_p+r_c)}}-1\right] \tag{5-6}$$

$$\Delta v'_2=v_{c2}-v_{c1}=\sqrt{\frac{\mu}{r_c}}\left[\sqrt{\frac{2r_a}{(r_a+r_c)}}-\sqrt{\frac{2r_p}{(r_p+r_c)}}\right] \tag{5-7}$$

$$\Delta v'_3=v_b-v_{ac}=v_{ac}\left[\sqrt{\frac{2r_c}{(r_a+r_c)}}-1\right] \tag{5-8}$$

由式（5-7）可以得出

$$\lim_{r_c\to\infty}\Delta v'_2=0 \tag{5-9}$$

即当 r_c 很大时在远地点施加的第二个速度增量脉冲几乎是可以忽略不计的。其他两个脉冲为

$$\lim_{r_c\to\infty}\Delta v'_1=v_{pc}\left(\sqrt{2}-1\right)\,,\ \lim_{r_c\to\infty}\Delta v'_3=v_{ac}\left(\sqrt{2}-1\right)=v_{pc}\frac{\sqrt{2}-1}{\sqrt{q}}$$

最后得到双抛物线转移在极限情况下总的速度增量需求为

$$\lim_{r_c\to\infty}\frac{\Delta v'_1+\Delta v'_2+\Delta v'_3}{v_{pc}}=\left(1+\frac{1}{\sqrt{q}}\right)\left(\sqrt{2}-1\right) \tag{5-10}$$

基于式（5－5）与式（5－10）可以对两者进行比较，当 $q=11.939$ 时两者相等，同为 $0.534v_{pc}$；当 $q=25$ 时，霍曼转移所需的速度增量为 $0.531v_{pc}$，而双抛物线转移是 $0.497v_{pc}$。

5.3 轨道控制的动力学方程

第3章介绍的轨道摄动的高斯型三分量动力学方程是轨道控制的理论根据。因为它建立了轨道要素的时间变化率与作用在卫星上的扰动加速度的三个分量 R，T，W 之间的关系，其中 R 沿卫星径向方向，W 沿轨道平面正法线方向，R，T，W 构成右手系。

$$\left.\begin{aligned}
&\frac{\mathrm{d}a}{\mathrm{d}t}=\frac{2}{n\sqrt{1-e^2}}\left(Re\sin f+T\frac{p}{r}\right)\\
&\frac{\mathrm{d}e}{\mathrm{d}t}=\frac{\sqrt{1-e^2}}{na}[R\sin f+T(\cos E+\cos f)]\\
&\frac{\mathrm{d}\omega}{\mathrm{d}t}=\frac{\sqrt{1-e^2}}{nae}\left[T\sin f\left(1+\frac{r}{p}\right)-R\cos f\right]-\frac{Wr\cos i\sin u}{na^2\sqrt{1-e^2}\sin i}\\
&\frac{\mathrm{d}i}{\mathrm{d}t}=\frac{Wr\cos u}{na^2\sqrt{1-e^2}}\\
&\frac{\mathrm{d}\Omega}{\mathrm{d}t}=\frac{Wr\sin u}{na^2\sqrt{1-e^2}\sin i}\\
&\frac{\mathrm{d}M}{\mathrm{d}t}=n-\frac{1}{nae}\left\{R\left[\frac{2re}{a}-(1-e^2)\cos f\right]+T\sin f\left[(1-e^2)+\frac{r}{a}\right]\right\}
\end{aligned}\right\}\tag{5-11}$$

上述的这种以开普勒根数表示的标准型方程中，偏心率 e 会出现在分母上，对于小偏心率轨道，为了避免这个困难，通常取 $e_x=e\cos\omega$，$e_y=e\sin\omega$，$\lambda=M+\omega$ 来替换 e，ω，M。经变换后关于 e，ω，M 的三个微分方程为

$$\left.\begin{aligned}
\frac{\mathrm{d}e_x}{\mathrm{d}t} &= \frac{\sqrt{1-e^2}}{na}\left\{R\sin u + T\left[\left(1+\frac{r}{p}\right)\cos u + \frac{r}{p}e_x\right]\right\} + \frac{\mathrm{d}\Omega}{\mathrm{d}t}(\cos i)e_y \\
\frac{\mathrm{d}e_y}{\mathrm{d}t} &= \frac{\sqrt{1-e^2}}{na}\left\{T\left[\left(1+\frac{r}{p}\right)\sin u + \frac{r}{p}e_y\right] - R\cos u\right\} + \frac{\mathrm{d}\Omega}{\mathrm{d}t}(\cos i)e_x \\
\frac{\mathrm{d}\lambda}{\mathrm{d}t} &= n - \frac{1}{na}\left[R\left(\frac{2r}{a} + \frac{\sqrt{1-e^2}}{1+\sqrt{1-e^2}}e\cos f\right) - \right. \\
&\quad \left. T\left(1+\frac{r}{p}\right)\frac{\sqrt{1-e^2}}{1+\sqrt{1-e^2}}e\sin f\right] - \frac{Wr\cos i\sin u}{na^2\sqrt{1-e^2}\sin i}
\end{aligned}\right\} \tag{5-12}$$

替换后的微分方程便不再存在小偏心率的问题了。

需要注意的是，这个摄动方程是基于二体问题＋扰动（控制）加速度物理模型建立的，它的原始方程为

$$\ddot{\boldsymbol{r}} = -\frac{\mu}{r^3}\boldsymbol{r} + \boldsymbol{p} \tag{5-13}$$

式中　$\boldsymbol{p}$ ——扰动加速度。

而在实际的轨道控制问题中，我们通常要解决的问题的原始方程为

$$\ddot{\boldsymbol{r}} = -\frac{\mu}{r^3}\boldsymbol{r} + \nabla R + \boldsymbol{p} \tag{5-14}$$

式中　∇R ——地球引力场非中心力项引起的扰动加速度，其中最主要的是带谐调和项 J_2 的影响。

在第 3 章中已经求得了考虑带谐调和项 J_2 影响的开普勒轨道摄动的解析解，它可以表示为

$$\left.\begin{aligned}
a &= a^* + \delta a(a^*, e^*, i^*, \Omega^*, \omega^*, M^*) \\
e &= e^* + \delta e(a^*, e^*, i^*, \Omega^*, \omega^*, M^*) \\
i &= i^* + \delta i(a^*, e^*, i^*, \Omega^*, \omega^*, M^*) \\
\Omega &= \Omega^* + \delta\Omega(a^*, e^*, i^*, \Omega^*, \omega^*, M^*) \\
\omega &= \omega^* + \delta\omega(a^*, e^*, i^*, \Omega^*, \omega^*, M^*) \\
M &= M^* + \delta M(a^*, e^*, i^*, \Omega^*, \omega^*, M^*)
\end{aligned}\right\} \tag{5-15}$$

上式中左边不带星号的参数为瞬时轨道参数，带星号的参数为包括长周期变化的轨道参数，为了方便有时称其为拟平根数。右边部分第二项是短周期摄动项，其量级为 $O(J_2)$ 。拟平根数仍然是随时间变化的，它又可以表示为

$$\left.\begin{aligned}
a^* &= \bar{a} \\
e^* &= \bar{e} + \delta e^*(\bar{a},\bar{e},\bar{i},\bar{\Omega},\bar{\omega}) \\
i^* &= \bar{i} + \delta i^*(\bar{a},\bar{e},\bar{i},\bar{\Omega},\bar{\omega}) \\
\Omega^* &= \bar{\Omega} + \delta\Omega^*(\bar{a},\bar{e},\bar{i},\bar{\Omega},\bar{\omega}) \\
\omega^* &= \bar{\omega} + \delta\omega^*(\bar{a},\bar{e},\bar{i},\bar{\Omega},\bar{\omega}) \\
M^* &= \bar{M} + \delta M^*(\bar{a},\bar{e},\bar{i},\bar{\Omega},\bar{\omega})
\end{aligned}\right\} \tag{5-16}$$

上式中带上画线的参数描述的是平均轨道。右边的第二部分是长周期摄动项，它们与平近点角 M 无关，所以是慢变化部分。长周期摄动的量级也是 $O(J_2)$ ，由于周期摄动都比较小，在航天工程的很多应用中用平均轨道来近似是足够精确的。平均轨道最后可表示为

$$\begin{aligned}
\bar{a} &= \bar{a}_0 \\
\bar{e} &= \bar{e}_0 \\
\bar{i} &= \bar{i}_0 \\
\bar{\Omega}(t) &= \bar{\Omega}_0 + \dot{\bar{\Omega}}(\bar{a}_0,\bar{e}_0,\bar{i}_0)\,t \\
\bar{\omega}(t) &= \bar{\omega}_0 + \dot{\bar{\omega}}(\bar{a}_0,\bar{e}_0,\bar{i}_0)\,t \\
\bar{M}(t) &= \bar{M}_0 + \dot{\bar{M}}(\bar{a}_0,\bar{e}_0,\bar{i}_0)\,t
\end{aligned} \tag{5-17}$$

上式中 $\bar{a}$，$\bar{e}$，$\bar{i}$ 及 $\bar{\Omega}_0$，$\bar{\omega}_0$，$\bar{M}_0$ 是平根数，也是一组有显著几何意义的积分常数。平均轨道也是变化的椭圆轨道，不过它的大小、形状和倾角都不变，三个角变量的变化是线性的，故这种平均轨道有时也称为进动椭圆。它们的变化率只与轨道形状及倾角有关，这种变化称为长期摄动，其表达式为

$$\left.\begin{aligned}
\dot{\bar{\Omega}} &= -\frac{3}{2}J_2\left(\frac{R_e}{p}\right)^2 nc^2 \\
\dot{\bar{\omega}} &= -\frac{3}{4}J_2\left(\frac{R_e}{p}\right)^2 n(1-5c^2) \\
\dot{\bar{M}} &= n\left[1-\frac{3J_2}{4}\left(\frac{R_e}{p}\right)^2 \eta(1-3c^2)\right]
\end{aligned}\right\} \tag{5-18}$$

其中

$$n=\sqrt{\frac{\mu}{\bar{a}_0^3}},\eta=\sqrt{1-\bar{e}_0^2},p=\bar{a}_0(1-\bar{e}_0^2),c=\cos\bar{i}_0$$

利用这个结果，可以采用高斯型的摄动方程来求解平根数 $\bar{a}$，$\bar{e}$，$\bar{i}$ 及 $\bar{\Omega}_0$，$\bar{\omega}_0$，$\bar{M}_0$ 在扰动加速度 $\bar{\boldsymbol{p}}$ 作用下的摄动变化

$$\left.\begin{aligned}
\frac{\mathrm{d}\bar{a}}{\mathrm{d}t} &= \frac{\mathrm{d}\bar{a}_0}{\mathrm{d}t} \\
\frac{\mathrm{d}\bar{e}}{\mathrm{d}t} &= \frac{\mathrm{d}\bar{e}_0}{\mathrm{d}t} \\
\frac{\mathrm{d}\bar{\omega}}{\mathrm{d}t} &= \dot{\bar{\omega}}+\frac{\mathrm{d}\bar{\omega}_0}{\mathrm{d}t} \\
\frac{\mathrm{d}\bar{i}}{\mathrm{d}t} &= \frac{\mathrm{d}\bar{i}_0}{\mathrm{d}t} \\
\frac{\mathrm{d}\bar{\Omega}}{\mathrm{d}t} &= \dot{\Omega}+\frac{\mathrm{d}\bar{\Omega}_0}{\mathrm{d}t} \\
\frac{\mathrm{d}\bar{M}}{\mathrm{d}t} &= \dot{\bar{M}}+\frac{\mathrm{d}\bar{M}_0}{\mathrm{d}t}
\end{aligned}\right\} \tag{5-19}$$

$$\left.\begin{aligned}
\frac{\mathrm{d}\bar{a}_0}{\mathrm{d}t} &= \frac{2}{n\sqrt{1-e^2}}\left(Re\sin f + T\frac{p}{r}\right) \\
\frac{\mathrm{d}\bar{e}_0}{\mathrm{d}t} &= \frac{\sqrt{1-e^2}}{na}\left[R\sin f + T(\cos E + \cos f)\right] \\
\frac{\mathrm{d}\bar{\omega}_0}{\mathrm{d}t} &= \frac{\sqrt{1-e^2}}{nae}\left[T\sin f\left(1+\frac{r}{p}\right) - R\cos f\right] - \frac{Wr\cos i\sin u}{na^2\sqrt{1-e^2}\sin i} \\
\frac{\mathrm{d}\bar{i}_0}{\mathrm{d}t} &= \frac{Wr\cos u}{na^2\sqrt{1-e^2}} \\
\frac{\mathrm{d}\bar{\Omega}_0}{\mathrm{d}t} &= \frac{Wr\sin u}{na^2\sqrt{1-e^2}\sin i} \\
\frac{\mathrm{d}\bar{M}_0}{\mathrm{d}t} &= -\frac{1}{nae}\left\{R\left[\frac{2re}{a} - (1-e^2)\cos f\right] + T\sin f\left[(1-e^2) + \frac{r}{a}\right]\right\}
\end{aligned}\right\} \tag{5-20}$$

需要注意的是，上式中右边的所有的量都必须是轨道平根数的函数。

在航天工程中分清这三种不同的轨道概念是十分重要的，例如运载火箭所提供的入轨参数是入轨时刻的瞬时轨道根数，而轨道设计所要求的标称轨道根数是平根数或拟平根数。

5.4 近圆轨道控制的分析方法

绝大部分的应用卫星都是近圆轨道的卫星，其中又有很多是需要进行轨道控制的。在航天工程实践中，由于各种误差的影响，实际轨道控制过程并不是而且也没有必要基于精确的轨道动力学方程来执行。对于近圆轨道的控制所用的动力学模型可以按圆轨道进行近似，得到一种非常简单的形式，基于这种简化的模型可以获得非常有用的解析解，国内外的航天工程实践表明这种解析解是十分有效的。为了从理论上证明这种简化的有效性，本书对动力学模型简化过程中所产生的各项误差进行了理论估计。

实际应用中所说的轨道控制应该是对整条轨道的控制，为此必须采用轨道平根数来描述轨道，轨道机动的具体做法是通过发动机产生的推力来改变轨道的平根数。5.3 节的最后一部分已经指出，解决这个问题的有效办法就是对轨道平根数采用高斯型的摄动方程。

5.4.1 轨道动力学方程及简化

在一般的轨道控制中，人们并不关心卫星在轨道上的相位变化，而只关心其余 5 个参数的变化，因此仅需用到 5 个轨道平根数摄动的方程。

$$\left.\begin{aligned}
\frac{\mathrm{d}a}{\mathrm{d}t} &= \frac{2}{n\sqrt{1-e^2}}\left(Re\sin f + T\,\frac{p}{r}\right)\\
\frac{\mathrm{d}i}{\mathrm{d}t} &= \frac{Wr\cos u}{na^2\sqrt{1-e^2}}\\
\frac{\mathrm{d}\Omega}{\mathrm{d}t} &= \frac{Wr\sin u}{na^2\sqrt{1-e^2}\sin i}\\
\frac{\mathrm{d}e_x}{\mathrm{d}t} &= \frac{\sqrt{1-e^2}}{na}\left\{R\sin u + T\left[\left(1+\frac{r}{p}\right)\cos u + \frac{r}{p}e_x\right]\right\} + \frac{\mathrm{d}\Omega}{\mathrm{d}t}(\cos i)e_y\\
\frac{\mathrm{d}e_y}{\mathrm{d}t} &= \frac{\sqrt{1-e^2}}{na}\left\{-R\cos u + T\left[\left(1+\frac{r}{p}\right)\sin u + \frac{r}{p}e_y\right]\right\} - \frac{\mathrm{d}\Omega}{\mathrm{d}t}(\cos i)e_x
\end{aligned}\right\} \tag{5-21}$$

近圆轨道的偏心率很小，可以把式（5－21）中与偏心率有关的项全部忽略，简化为

$$\left.\begin{aligned}
\frac{\mathrm{d}a}{\mathrm{d}t} &= \frac{2T}{n}\\
\frac{\mathrm{d}i}{\mathrm{d}t} &= \frac{W}{na}\cos u\\
\frac{\mathrm{d}\Omega}{\mathrm{d}t} &= \frac{W\sin u}{na\sin i}\\
\frac{\mathrm{d}e_x}{\mathrm{d}t} &= \frac{1}{na}(R\sin u + 2T\cos u)\\
\frac{\mathrm{d}e_y}{\mathrm{d}t} &= \frac{1}{na}(-R\cos u + 2T\sin u)
\end{aligned}\right\} \tag{5-22}$$

当偏心率 e 为 1×10^{-3} 量级时，这一简化引起的误差为调整量的千分之一，与控制系统本身的误差相比是完全可以忽略的。

设在发动机工作的过程中推力为常值且姿态无误差，则推力的三个分量也是常值。若发动机连续工作时间为 Δt ，对应的工作弧段长度为 Δu ，弧段中点为 u_0，则机动后轨道的变化为

$$\left.\begin{aligned}
\Delta a &= \frac{2a}{V}\Delta V_T \\
\Delta i &= \frac{1}{V}\cos u_0 \frac{\sin\frac{\Delta u}{2}}{\frac{\Delta u}{2}}\Delta V_W \\
\Delta\Omega &= \frac{1}{V}\frac{\sin u_0}{\sin i}\frac{\sin\frac{\Delta u}{2}}{\frac{\Delta u}{2}}\Delta V_W \\
\Delta e_x &= \frac{1}{V}(\Delta V_R \sin u_0 + 2\Delta V_T \cos u_0)\frac{\sin\frac{\Delta u}{2}}{\frac{\Delta u}{2}} \\
\Delta e_y &= \frac{1}{V}(-\Delta V_R \cos u_0 + 2\Delta V_T \sin u_0)\frac{\sin\frac{\Delta u}{2}}{\frac{\Delta u}{2}}
\end{aligned}\right\} \tag{5-23}$$

式中，$V=na$ ，是圆轨道速度；$\Delta V_R=R\Delta t$，$\Delta V_T=T\Delta t$，$\Delta V_W=W\Delta t$ ，为三个方向上的速度增量。这是连续有限推力的结果，并未假定是脉冲推力。

式（5－23）给出了速度增量与轨道参数变化之间的关系。可以看出，除半长轴以外其他几个参数的式中都含有因子 $\frac{\sin\frac{\Delta u}{2}}{\frac{\Delta u}{2}}$。它的值小于1，并随着发动机工作弧段的增长而变小。当工作弧段小于30°时该因子的值大于0.988 6，可以将该因子当成1而忽略。于是方

程（5－23）可以进一步简化为脉冲推力的形式

$$
\begin{aligned}
\Delta a &= \frac{2a}{V}\Delta V_T \\
\Delta i &= \frac{1}{V}\cos u_0 \Delta V_W \\
\Delta \Omega &= \frac{1}{V}\frac{\sin u_0}{\sin i}\Delta V_W \\
\Delta e_x &= \frac{1}{V}(\Delta V_R \sin u_0 + 2\Delta V_T \cos u_0) \\
\Delta e_y &= \frac{1}{V}(-\Delta V_R \cos u_0 + 2\Delta V_T \sin u_0)
\end{aligned}
\tag{5-24}
$$

上式就是对近圆轨道进行主动控制时所依据的轨道动力学模型。

若只采用径向推力 R ，受到影响的是 e ，ω

$$
\begin{aligned}
\Delta e_x &= \frac{\Delta V_R}{V}\sin u_0 \\
\Delta e_y &= -\frac{\Delta V_R}{V}\cos u_0
\end{aligned}
\tag{5-25}
$$

若只采用横向推力 T ，受到影响的是 a ，e ，ω

$$
\Delta a = \frac{2a}{V}\Delta V_T,\ \Delta e_x = \frac{2}{V}\cos u_0 \Delta V_T,\ \Delta e_y = \frac{2}{V}\sin u_0 \Delta V_T
\tag{5-26}
$$

若只采用法向推力 W ，则 i ，Ω 将发生变化但不影响 a ，e ，ω

$$
\Delta i = \frac{1}{V}\cos u_0 \Delta V_W,\ \Delta \Omega = \frac{\sin u_0}{V\sin i}\Delta V_W
\tag{5-27}
$$

虽然我们可以将 5 个轨道根数一起来讨论控制的最佳问题，但在具体的工程实践中，经常是将它们分成轨道平面内和轨道平面外两类控制来考虑。轨道倾角和升交点的变化只需用法向推力，而平面内的三个轨道根数中，半长轴 a 的调整用横向速度增量最有效，e ，ω 的调整既可以用横向也可以用径向速度增量来完成，下面具体讨论平面内的机动。

5.4.2 平面内机动的工程应用

将式（5-25）与式（5-26）进行比较，对于获得同样的变化 Δe_x，Δe_y 采用横向速度增量比采用径向速度增量小一半，因此对平面内的机动应该只采用横向速度增量。

在实际应用中，根据所需要的轨道调整量来解算所需的速度增量，最简单的情况是只需进行一次轨控，此时的控制脉冲施加位置的纬度幅角 u 应满足

$$\Delta e_x = \frac{2\Delta a}{a}\cos u$$

$$\Delta e_y = \frac{2\Delta a}{a}\sin u$$

一般情况下，平面内的轨道调整只需施加两个速度增量即可。记

$$\boldsymbol{e} = \begin{bmatrix} e_x \\ e_y \end{bmatrix}, \boldsymbol{I}(u) = \begin{bmatrix} \cos u \\ \sin u \end{bmatrix} \tag{5-28}$$

于是动力学方程（5-26）可以写成向量的形式

$$\frac{\Delta a}{a} = \frac{2\Delta V}{V}$$

$$\Delta \boldsymbol{e} = \frac{2\Delta V}{V}\boldsymbol{I}(u) \tag{5-29}$$

$$\Delta \boldsymbol{e} = \begin{bmatrix} e\cos\omega - e_0\cos\omega_0 \\ e\sin\omega - e_0\sin\omega_0 \end{bmatrix}, \boldsymbol{I}(u) = \begin{bmatrix} \cos u \\ \sin u \end{bmatrix}$$

上式中的速度增量 ΔV 是横向速度增量 ΔV_T。偏心率变化示意图如图 5-2 所示。

只需在两个不同的位置 u_1，u_2 分别施加两个脉冲 ΔV_1，ΔV_2 就可以满足要求

$$\begin{aligned} \frac{\Delta a}{a} &= \frac{2(\Delta V_1 + \Delta V_2)}{V} \\ \Delta \boldsymbol{e} &= \frac{2\Delta V_1}{V}\boldsymbol{I}(u_1) + \frac{2\Delta V_2}{V}\boldsymbol{I}(u_2) \end{aligned} \tag{5-30}$$

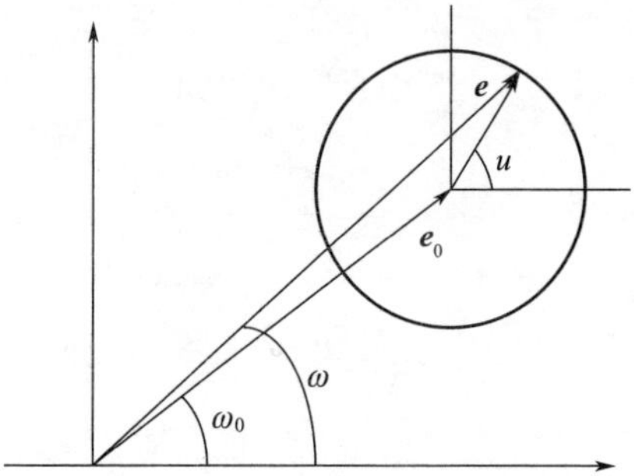

图5-2　偏心率向量变化示意图

于是

$$\left(\frac{\Delta a}{a}\right)^2 - |\Delta \boldsymbol{e}|^2 = \frac{8\Delta V_1 \Delta V_2}{V^2}[1 - \boldsymbol{I}(u_1) \cdot \boldsymbol{I}(u_2)] \quad (5-31)$$

因

$$1 - \boldsymbol{I}(u_1) \cdot \boldsymbol{I}(u_2) \geqslant 0$$

故当

$$\left(\frac{\Delta a}{a}\right)^2 - |\Delta \boldsymbol{e}|^2 > 0$$

时 ΔV_1，ΔV_2 同号。

当

$$\left(\frac{\Delta a}{a}\right)^2 - |\Delta \boldsymbol{e}|^2 < 0$$

时 ΔV_1，ΔV_2 异号。

当

$$\left(\frac{\Delta a}{a}\right)^2 - |\Delta \boldsymbol{e}|^2 = 0$$

时 $u_1 = u_2$，即只需施加一个脉冲。

基于所需偏心率向量的改变量的要求，有一个重要的位置 u_0 满足如下要求

$$\cos u_0 = \frac{\Delta e_x}{\sqrt{e_x^2 + e_y^2}}, \ \sin u_0 = \frac{\Delta e_y}{\sqrt{e_x^2 + e_y^2}}$$

记

$$\Delta \boldsymbol{e} = |\Delta \boldsymbol{e}| \boldsymbol{I}(u_0) \tag{5-32}$$

于是由式（5-30）可得

$$\begin{aligned}
|\Delta \boldsymbol{e}| \boldsymbol{I}(u_0) \cdot \boldsymbol{I}(u_1) &= \frac{2\Delta V_1}{V} + \frac{2\Delta V_2}{V} \boldsymbol{I}(u_1) \cdot \boldsymbol{I}(u_2) \\
&= \frac{2(\Delta V_1 + \Delta V_2)}{V} - \frac{2\Delta V_2}{V}[1 - \boldsymbol{I}(u_1) \cdot \boldsymbol{I}(u_2)] \\
&= \frac{\Delta a}{a} - \frac{2\Delta V_2}{V}[1 - \boldsymbol{I}(u_1) \cdot \boldsymbol{I}(u_2)]
\end{aligned}$$

因此有

$$\frac{2\Delta V_2}{V}[1 - \boldsymbol{I}(u_1) \cdot \boldsymbol{I}(u_2)] = \frac{\Delta a}{a} - |\Delta \boldsymbol{e}| \boldsymbol{I}(u_0) \cdot \boldsymbol{I}(u_1)$$

由式（5-31）可得

$$\left(\frac{\Delta a}{a}\right)^2 - |\Delta \boldsymbol{e}|^2 = \frac{4\Delta V_1}{V}\left[\frac{\Delta a}{a} - |\Delta \boldsymbol{e}| \boldsymbol{I}(u_0) \cdot \boldsymbol{I}(u_1)\right]$$

1）当 $\left(\frac{\Delta a}{a}\right)^2 > |\Delta \boldsymbol{e}|^2$ 时，u_1 可以任取

$$\Delta V_1 = \frac{V}{4} \frac{\left(\frac{\Delta a}{a}\right)^2 - |\Delta \boldsymbol{e}|^2}{\frac{\Delta a}{a} - |\Delta \boldsymbol{e}| \boldsymbol{I}(u_0) \cdot \boldsymbol{I}(u_1)}$$

第二个脉冲应满足

$$\Delta V_2 = \frac{V}{2}\left(\frac{\Delta a}{a} - \frac{2\Delta V_1}{V}\right)$$

$$\boldsymbol{I}(u_2) = \frac{V}{2\Delta V_2}\left[\Delta \boldsymbol{e} - \frac{2\Delta V_1}{V} \boldsymbol{I}(u_1)\right]$$

特别地，有

$$\max \Delta V_1 = \frac{V}{4}\left[\left|\frac{\Delta a}{a}\right| + |\Delta \boldsymbol{e}|\right], \quad u_1 = u_0$$

$$\min \Delta V_1 = \frac{V}{4}\left[\left|\frac{\Delta a}{a}\right| - |\Delta \boldsymbol{e}|\right], \quad u_1 = u_0 + \pi$$

如果要求 $\Delta V_1 = \Delta V_2$，则

$$\boldsymbol{I}(u_0)\cdot\boldsymbol{I}(u_1)=\frac{|\Delta\boldsymbol{e}|}{\dfrac{\Delta a}{a}}$$

$$u_1=u_0\pm\arccos\frac{|\Delta\boldsymbol{e}|}{\dfrac{\Delta a}{a}}$$

$$u_2=u_0\mp\arccos\frac{|\Delta\boldsymbol{e}|}{\dfrac{\Delta a}{a}}$$

解的非向量表示法为

$$\Delta V_1=\frac{V}{4}\frac{\left(\dfrac{\Delta a}{a}\right)^2-(\Delta e_x^2+\Delta e_y^2)}{\dfrac{\Delta a}{a}-(\Delta e_x\cos u_1+\Delta e_y\sin u_1)}$$

$$\Delta V_2=\frac{V\Delta a}{2a}-\Delta V_1$$

$$\cos u_2=\frac{V}{2\Delta V_2}\left(\Delta e_x-\frac{2\Delta V_1}{V}\cos u_1\right)$$

$$\sin u_2=\frac{V}{2\Delta V_2}\left(\Delta e_y-\frac{2\Delta V_1}{V}\sin u_1\right)$$

$$\begin{aligned}\cos(u_2-u_1)&=\frac{V}{2\Delta V_2}\left(\Delta e_x\cos u_1+\Delta e_y\sin u_1-\frac{2\Delta V_1}{V}\right)\\&=\frac{V}{2\Delta V_2}(\Delta e_x\cos u_1+\Delta e_y\sin u_1)-\frac{\Delta V_1}{\Delta V_2}\end{aligned}$$

总的速度增量为

$$\Delta V=\frac{\Delta a}{2a}V$$

2）当 $\left(\dfrac{\Delta a}{a}\right)^2\leqslant|\Delta\boldsymbol{e}|^2$ 时，两个速度增量方向相反，不妨设 $\Delta V_1>0$，则总的速度增量为

$$\Delta V=|\Delta V_1-\Delta V_2|$$

$$\Delta V^2=\Delta V_1^2+\Delta V_2^2-2\Delta V_1\Delta V_2$$

另一方面

$$|\Delta \boldsymbol{e}|^2=\frac{4}{V^2}[\Delta V_1^2+\Delta V_2^2+2\Delta V_1\Delta V_2\cos(u_2-u_1)]$$

故有

$$\Delta V^2=\frac{V^2}{4}|\Delta \boldsymbol{e}|^2-2\Delta V_1\Delta V_2[1+\cos(u_2-u_1)]$$

因两个速度增量反号，显然总的速度增量的最小值在 $u_2-u_1=\pi$ 时达到。于是有

$$|\Delta \boldsymbol{e}|^2=\frac{4\Delta V^2}{V^2}=\frac{4(\Delta V_1-\Delta V_2)^2}{V^2}$$

由式（5-30）得

$$\Delta \boldsymbol{e}=\frac{2(\Delta V_1-\Delta V_2)}{V}\boldsymbol{I}(u_1)=-\frac{2(\Delta V_1-\Delta V_2)}{V}\boldsymbol{I}(u_2)$$

因为 $\Delta V_1>0$，于是有

$$\Delta \boldsymbol{e}=|\Delta \boldsymbol{e}|\boldsymbol{I}(u_1)=-|\Delta \boldsymbol{e}|\boldsymbol{I}(u_2)$$

再由式（5-32）得

$$\boldsymbol{I}(u_0)=\frac{\Delta \boldsymbol{e}}{|\Delta \boldsymbol{e}|}$$

故

$$\boldsymbol{I}(u_1)=\boldsymbol{I}(u_0),\ \boldsymbol{I}(u_2)=-\boldsymbol{I}(u_0)$$

$$|\Delta \boldsymbol{e}|=\frac{4\Delta V_1-2(\Delta V_1+\Delta V_2)}{V}=\frac{-4\Delta V_2+2(\Delta V_1+\Delta V_2)}{V}$$

$$\frac{\Delta a}{a}=\frac{2(\Delta V_1+\Delta V_2)}{V}$$

最后得

$$\Delta V_1=\frac{V}{4}\left(\frac{\Delta a}{a}+|\Delta \boldsymbol{e}|\right),\Delta V_2=\frac{V}{4}\left(\frac{\Delta a}{a}-|\Delta \boldsymbol{e}|\right)$$

附录　卫星轨道保持的一类控制模型

杨维廉

摘　要：地球赤道静止卫星希望其定点位置固定不变，采用轨迹重复的近地轨道的对地遥感卫星，需要具有固定的地面轨迹位置；如果这类遥感卫星还同时采用太阳同步轨道，则还要求降交点地方平太阳时固定不变。上述这三种情况虽然其物理机制各不相同，但其变化及控制过程可以抽象出一种共同的模型。文章首先给出这个统一的模型并对其进行讨论，然后将结果应用到所述的三种具体情况。

关键词：轨道保持；模型研究；航天器

1　引言

绝大多数长寿命的应用卫星都需要有比较稳定的轨道条件，例如地球赤道静止卫星希望其定点位置固定不变。由于地球赤道椭率的影响，如果卫星的定点位置偏离赤道椭圆的短轴位置，则卫星将离开其定点位置向短轴位置漂移，因此需要对这种漂移进行周期性的控制，将卫星位置保持在定点位置附近的一个可允许的范围内；对于采用轨迹重复的近地轨道的对地遥感卫星，需要具有固定的地面轨迹位置，以便对同一地区进行定期的重复观测，由于大气阻力的影响轨道半长轴将逐渐变短，引起卫星运行周期缩短进而导致地面轨迹的漂移，因此需要进行定期的轨道控制，对半长轴做一定的调整，以实现轨迹位置的精确保持。如果这类遥感卫星还同时采用太阳同步轨道，则还要求降交点地方平太阳时固定不变，以保持卫星始终在良好的光照条件下进行对地遥感。但是即便卫星入轨时没有任何误差，由于太阳引力的作用轨道倾角将产生共振变化，在几年的时间内可以近似为长期变化，倾角的这种变化会导致降交点地方时与时间的平方成正比，故需要对其控制。上述这三种情况虽然其物理机制各不相同，但其变化及控制过程可以抽象出一种共同的模型。

2 控制模型

一个需要控制的目标量 m ，它是时间 t 的函数并受另一个中介量 a 的影响

$$m(t)=m_0+m_1\left(\Delta at+\frac{1}{2}\dot{a}t^2\right) \tag{1}$$

式中，$\Delta a=a-a_0$，a_0 是标称值。中介量 a 同样也是时间的函数，不过在所研究的问题中可以看作是时间的线性函数，即 $\dot{a}$ 为常数。这一控制的关键是周期性地对 a 进行控制，即选择合适的偏置 Δa ，使得 m 始终保持在飞行任务所要求的范围内。模型中的系数 m_1 在不同的问题中具有不同的形式。$\bar{m}$ 是标称值，即控制的目标。控制的要求是使得 m 满足

$$|m-\bar{m}|\leqslant\frac{B}{2}$$

实现这类控制的通常做法是，在 $t=0$ 时使 $m(0)=m_0=\bar{m}\pm\frac{1}{2}B$ ，因此

$$m(t)=\bar{m}\pm\frac{1}{2}B+m_1(\Delta at+\frac{1}{2}\dot{a}t^2)$$

$$\dot{m}(t)=m_1(\Delta a+\dot{a}t)$$

$$\ddot{m}(t)=m_1\dot{a}=\text{const}$$

如果 $\ddot{m}<0$，即 $m_1\dot{a}<0$，则取 $m(0)=\bar{m}-\frac{1}{2}B$ ，这时的控制量 Δa 应满足 $m_1\Delta a>0$，于是随时间的变化 m 将增大而 $\dot{m}$ 将减小。Δa 的具体选择应使得在某个时间 t_s 成立

$$\dot{m}(t_s)=m_1(\Delta a+\dot{a}t_s)=0$$

并且

$$m(t_s)=\bar{m}-\frac{1}{2}B+m_1(\Delta at_s+\frac{1}{2}\dot{a}t_s^2)=\bar{m}+\frac{1}{2}B$$

于是可得

$$\Delta a=-\dot{a}t_s$$

$$\frac{1}{2}m_1\Delta at_s=B$$

因而

$$-\frac{1}{2}m_1\dot{a}t_s^2=B$$

$$t_s=\sqrt{-\frac{2B}{m_1\dot{a}}}\ ,\ \Delta a=\sqrt{\frac{-2B\dot{a}}{m_1}}$$

如果 $\dot{m}>0$，即 $m_1\dot{a}>0$，则取 $m(0)=\bar{m}+\frac{1}{2}B$ ，这时的控制量 Δa 应满足 $m_1\Delta a<0$，于是随时间的变化 m 将减小而 $\dot{m}$ 将增大。Δa 的具体选择应使得在某个时间 t_s 成立

$$\dot{m}(t_s)=m_1(\Delta a+\dot{a}t_s)=0$$

并且

$$m(t_s)=\bar{m}+\frac{1}{2}B+m_1\left(\Delta at_s+\frac{1}{2}\dot{a}t_s^2\right)=\bar{m}-\frac{1}{2}B$$

于是可得

$$\Delta a=-\dot{a}t_s$$

$$\frac{1}{2}m_1\Delta at_s=-B$$

进而推得

$$t_s=\sqrt{\frac{2B}{m_1\dot{a}}},\ \Delta a=-\sqrt{\frac{2B\dot{a}}{m_1}}$$

因此在设定控制范围 B 以后，由 $\dot{a}$ 就可以计算出偏置量 Δa 及控制的半周期 t_s 。

3 地球静止卫星情况

地球静止卫星通常都定点在赤道上空的某个经度位置 $\bar{\lambda}$ 处。因为地球并不是一个理想的球体，赤道本身是一个椭圆，位于赤道上空的卫星都将受到一个偏离地心的摄动力的影响，除非该卫星位于椭圆短轴的位置（平衡点）。这种摄动力将引起轨道半长轴的变化，其主要部分是[1]

$$\dot{a} = -12\sqrt{C_{22}^2 + S_{22}^2}\left(\frac{R_e}{a}\right)^2 na\sin 2(\lambda - \lambda_{22})$$

其中

$$\lambda_{22} = \frac{1}{2}\arctan\left(\frac{S_{22}}{C_{22}}\right)$$

式中 R_e ——地球赤道平均半径；

C_{22}，S_{22} ——地球引力场二阶田谐调和项的系数；

n ——平均运动，即卫星运动的平均角速度；

λ ——卫星实际的经度位置。

半长轴的这一变化破坏了卫星运动与地球自转的同步性，引起卫星位置经度的加速度变化

$$\ddot{\lambda} = \frac{\partial n}{\partial a}\dot{a} = -\frac{3n}{2a}\dot{a}$$

这个加速度的大小和方向是与卫星的定点位置有关的，但由于我们都是将卫星控制在定点位置的附近，在控制过程中可以认为这个加速度是固定不变的。为了对卫星的位置进行控制，只需将标称的半长轴做一小的偏置 Δa，由此产生一个反向的角速度 $\dot{\lambda}$ 便可到达目的

$$\dot{\lambda} = \Delta n = -\frac{3n}{2a}\Delta a$$

于是在做了控制以后卫星位置的经度将按下式变化

$$\lambda = \lambda_0 + \dot{\lambda}t + \frac{1}{2}\ddot{\lambda}t^2 = \lambda_0 - \frac{3n}{2a}\left(\Delta at + \frac{1}{2}\dot{a}t^2\right) \tag{2}$$

将式（2）与式（1）的一般模型做比较便得

$$m_0=\lambda_0,\ m_1=-\frac{3n}{2a}$$

4　回归轨道的轨迹保持

近地轨道的对地遥感卫星是一类很重要的应用卫星，这类卫星几乎都采用回归轨道，也就是卫星的地面轨迹经过一定时间以后在同样的位置重复出现的轨道，故有时简称重复轨道。这样做是为了对同一地区进行动态观测。对于这类卫星的轨道很重要的一个任务是保持轨迹的位置。

大气阻力对近地卫星的轨道将产生不可忽略的影响。卫星运动过程中因大气阻力的影响将持续地消耗机械能，其结果是轨道的半长轴不断地减小

$$\dot{a}=-C_D\frac{A}{M}na^2\rho$$

式中　C_D ——阻力系数，与卫星的形状有关；

A ——卫星沿速度方向的投影面积；

M ——卫星的质量；

ρ ——大气密度。

半长轴的减小使卫星运行周期 T 不断缩短

$$\dot{T}=\frac{3T}{2a}\dot{a}$$

这将导致地面轨迹向东漂移。其漂移量可通过卫星在轨道上偏离标称位置的角度求出。这个偏离的角度为

$$\Delta u=\frac{1}{2}\dot{n}t^2=-\frac{3n}{4a}\dot{a}t^2$$

相应轨迹在赤道上的漂移角度为

$$\Delta\lambda=\frac{\omega_e}{n}\Delta u=-\frac{3\omega_e}{4a}\dot{a}t^2$$

式中　ω_e ——地球自转的角速度。

如果轨迹的位置用轨道降交点的位置来表示，漂移量用距离表示，时间以天为单位，则大气阻力引起轨迹的漂移量应为

$$\Delta L = -\frac{3\pi R_e}{2a}\dot{a}t^2$$

另一方面，可以通过将半长轴定期做相对于标称值的正偏置的办法来使轨迹向反方向漂移

$$\Delta\widetilde{L} = -\frac{3\pi R_e}{a}\Delta a$$

因此控制模型可以表示为

$$L = L_0 - \frac{3\pi R_e}{a}\left(\Delta a t + \frac{1}{2}\dot{a}t^2\right) \tag{3}$$

将式（3）和式（1）的一般模型做比较便得

$$m_0 = L_0,\ m_1 = -\frac{3\pi R_e}{a}$$

5 太阳同步轨道降交点地方时的保持

近地轨道的对地遥感卫星绝大多数还采用太阳同步轨道，太阳同步轨道的轨道面以与地球公转同样的速率向东旋转，这样的轨道特性对于采用太阳电池供电以及用可见光谱段的长寿命传输型遥感卫星是非常有利的。对这类卫星的轨道，很重要的一项要求是在整个卫星寿命期间内要将轨道的降交点地方平太阳时保持在标称值附近的一个特定的范围内。保持轨道与太阳同步就是使轨道的升交点赤经 Ω 的变化率与地球公转的速率相同。这种变化率与轨道倾角 i 密切相关

$$\dot{\Omega} = -\frac{3}{2}J_2\left(\frac{R_e}{a}\right)^2\cos i$$

另一方面，由于轨道面的旋转与太阳同步，太阳引力对轨道倾角将产生一个周期很长的共振效应[2]

$$\frac{\mathrm{d}i}{\mathrm{d}t} = -\frac{3n_s^2}{16n}\sin i\ (1+\cos i_s)^2\sin(2u_s - 2\Omega)$$

式中　n_s ——地球公转角速率；

i_s ——黄道与赤道的夹角；

u_s ——太阳的平黄经。

对于太阳同步轨道

$$\dot{u}_s = \dot{\Omega}$$

故有

$$\frac{\mathrm{d}i}{\mathrm{d}t} \approx \mathrm{const}$$

轨道倾角的这种变化将破坏轨道的同步特性

$$\delta\dot{\Omega} = \frac{\partial\dot{\Omega}}{\partial i} = -\dot{\Omega}\tan i\delta i$$

为了对 Ω 进行控制，可以定期对倾角 i 做一小的偏置 Δi ，于是

$$\delta i = \Delta i + \frac{\mathrm{d}i}{\mathrm{d}t}t$$

$$\Omega = \Omega_0 - \dot{\Omega}\tan i\left(\Delta i t + \frac{1}{2}\frac{\mathrm{d}i}{\mathrm{d}t}t^2\right) \tag{4}$$

将式（4）与式（1）的一般控制模型做比较，便有

$$m_0 = \Omega_0 ,\ m_1 = -\dot{\Omega}\tan i$$

倾角 i 充当中介量 a 的作用。

6　结束语

地球静止卫星的位置保持、近地卫星的轨迹保持和太阳同步轨道的降交点地方时的保持这三种不同的控制任务所涉及的轨道控制，虽然其物理机制是完全不同的，但却有着共同的规律，因此其控制的数学模型可以是统一的。这种控制模型已经得到了广泛的应用。当然在具体的应用中还要根据具体的问题和要求做必要的修正，以便与工程实际更好地符合。尽管如此，在设计阶段这种模型已经有足够的精确性，因此是非常有用的。

参 考 文 献

[1] W M KAULA. Theory of Satellite Geodesy. Blaisdell Publishing Company，1966.

[2] V A CHOBOTOV. Orbital Mechanics. American Institute of Aeronautics and Astronautics Inc. 1991.

第6章 定轨、预报和精度分析

6.1 卫星的地面观测与跟踪

前面介绍的主要是卫星在地球引力场中的运动，并未与地面发生任何关系，本节主要介绍如何从地面观测并跟踪卫星。

6.1.1 观测几何

图4-2中S为卫星，G为地面观测者，E为观测的仰角，θ是对应的观测范围的半径，只要地面观测者与卫星之间的地心张角小于这个角度就可以观测到卫星。α是卫星的视场角的一半，对卫星而言θ可以表示它的覆盖范围，有时称其为覆盖半径。很容易导出下面这些经常要用到的关系

$$\left.\begin{aligned}&\alpha+\theta=90^\circ-E\\&\sin\alpha=\cos E\frac{R}{R+h}\\&\cos\theta=\sin(E+\alpha)\end{aligned}\right\}\tag{6-1}$$

式中 R——地球半径；

h——卫星距地面的高度。

在系统设计中经常需要求某个特定的地面站的观测范围。设观测站的经纬度为λ_c，ϕ_c，则对任一纬度ϕ观测范围的经度λ可按下式计算

$$\begin{gathered}\cos\Delta\lambda=\frac{\cos\theta-\sin\phi_c\sin\phi}{\cos\phi_c\cos\phi}\\\lambda=\lambda_c\pm\Delta\lambda\end{gathered}\tag{6-2}$$

上述公式的推导要用到球面三角的知识，有关球面三角的概念

及计算公式可以在一般的数学手册中查到。

一般来说，观测范围并不是包括所有的纬度，很明显只有当

$$\cos\theta - \sin\phi_c \sin\phi \leqslant \cos\phi_c \cos\phi \tag{6-3}$$

即

$$|\phi - \phi_c| \leqslant \theta$$

时方程（6-2）才有解。

在设计中还需要计算地面站相应于某个最低仰角的最长观测时间，这对应于卫星过顶时的最长观测弧段 2θ ，于是最长观测时间为

$$t_{\max} = \frac{2\theta}{n} \tag{6-4}$$

式中　n ——卫星运动的平均角速度。

需要说明的是，在这些分析计算中都用了圆轨道近似。

在设计中还需要计算卫星进入和飞出某个观测站观测范围时的位置，从而知道对应的观测弧段的位置并粗略估算可观测的时间。这个问题的简易算法为在地图上先画出观测范围，然后选择两个不同的纬度计算对应的两个不同的经度，将这两个点连成一条线，与观测范围相交的两点即为所求。

更为精确的算法是，知道了卫星的经纬度 λ , ϕ 后，求出卫星与地面站的地心角 θ

$$\cos\theta = \sin\phi_c \sin\phi + \cos\phi_c \cos\phi \cos(\lambda - \lambda_c) \tag{6-5}$$

若地面站的观测范围是 θ_0，当 $\theta \leqslant \theta_0$ 时卫星进入观测范围。

6.1.2 卫星星下点轨迹

卫星星下点轨迹也是航天工程中一个比较重要的概念，卫星在轨道上运行的过程中，在什么时候到达什么地方是人们十分关心的事情。对于这个问题，最简单最直观的方法就是给出对应时刻卫星在地面的投影，这个投影称为星下点，把这些星下点随时间变化的曲线描绘出来就形成了星下点轨迹。地球表面是一个很复杂的曲面，它是用相对某个参考椭球体的高程来描述的，那么这个投影的确切

位置如何确定？我们不需要确切地定义它，因为在任何计算中我们都不需要用星下点位置作为中间变量。在轨道设计中比较方便的是把地球近似成球形，将卫星和地心的连线与球面的交点当作星下点。用这个交点的经纬度来描述星下点的位置。

知道了卫星在地球固连坐标系中的坐标，就很容易求出其星下点的位置，由关系式

$$\left.\begin{aligned} x_G &= r\cos\lambda\cos\phi \\ y_G &= r\sin\lambda\cos\phi \\ z_G &= r\sin\phi \end{aligned}\right\} \tag{6-6}$$

得

$$r=\sqrt{x_G^2+y_G^2+z_G^2} \tag{6-7}$$

$$\phi=\arcsin\frac{z_G}{r} \tag{6-8}$$

再由关系式

$$\left.\begin{aligned} \cos\lambda &= \frac{x_G}{r\cos\phi} \\ \sin\lambda &= \frac{y_G}{r\cos\phi} \end{aligned}\right\} \tag{6-9}$$

唯一地确定经度 λ 。

图 6－1 所示为资源一号的星下点轨迹图。

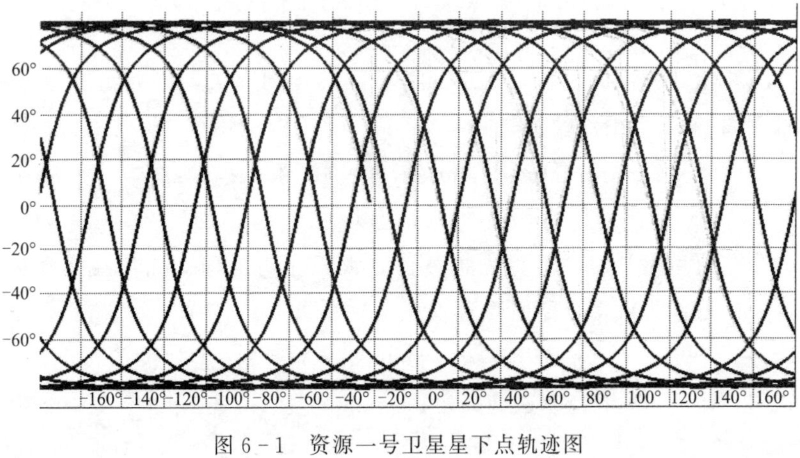

图 6－1　资源一号卫星星下点轨迹图

6.2　轨道与太阳的关系

轨道与太阳的关系对于卫星的运行是十分重要的，在轨道设计中须认真考虑。

6.2.1　阳光与轨道面的夹角

如图 6-2 所示，β 角是阳光与轨道面的夹角，这种表示法是国际通用的。在轨道分析和设计中以前一般用入射角的概念，两者互为余角。这一角度决定了卫星经历光照区和地影区的时间，特别是决定了卫星太阳电池帆板受阳光照射的角度及其变化。

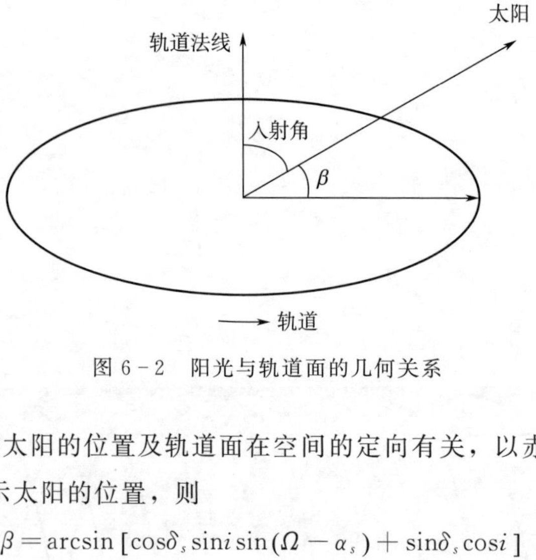

图 6-2　阳光与轨道面的几何关系

β 角与太阳的位置及轨道面在空间的定向有关，以赤经 α_s，赤纬 δ_s 来表示太阳的位置，则

$$\beta = \arcsin\left[\cos\delta_s \sin i \sin(\Omega - \alpha_s) + \sin\delta_s \cos i\right] \qquad (6-10)$$

$$y = x \qquad (6-11)$$

在轨道设计时，可以先将黄道（太阳相对地球的周年视运动的轨道）近似为圆形，于是由球面三角关系可得

$$\sin\delta_s = \sin\varepsilon \sin u_s \qquad (6-12)$$

式中　ε——黄道与赤道的夹角，$\varepsilon = 23.5°$；

u_s ——太阳距春分点的角距，可以根据离春分的时间算出。

太阳的赤经可通过下面的公式得出

$$\alpha_s = u_s + \arctan \frac{(\cos\varepsilon - 1)\sin u_s \cos u_s}{\cos^2 u_s + \cos\varepsilon \sin^2 u_s} \tag{6-13}$$

6.2.2　太阳高度角

太阳高度角对于轨道设计特别是对地遥感卫星的轨道设计是一个重要的概念。可见光波段的遥感器在对地遥感时要求被遥感地区有合适的光照条件，如同我们在野外照相一样，这种光照条件反映在太阳高度角这个参数上。某地的太阳高度角就是太阳相对该地地平面的仰角。在同一时间不同纬度地区的太阳高度角（见图 6-3）是不同的，如果用 h 表示该角度，则

$$\begin{aligned} h &= \arcsin[\sin\varphi\sin\delta_s + \cos\varphi\cos\delta_s\cos(\Omega - \alpha_s + \Delta\alpha)] \\ \Delta\alpha &= \arcsin(\tan\varphi / \tan i) \end{aligned} \tag{6-14}$$

式中　Ω ——降交点赤经；

α_s，δ_s ——太阳的赤经和赤纬；

φ ——某地的纬度；

i ——轨道倾角。

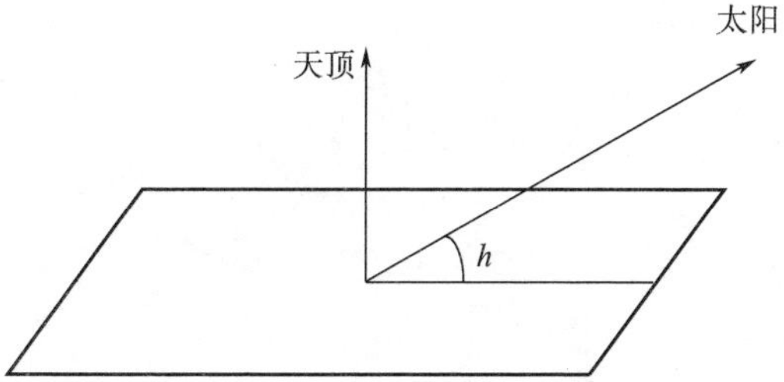

图 6-3　太阳高度角示意图

6.2.3　地影时间

当卫星受到地球的遮挡，得不到阳光照射时即进入了地影区，

卫星在一圈的时间内运行在地影中的时间长度称为地影时间，它对卫星设计是一个重要的参数，与电源、热控分系统关系最密切。对于一般的轨道，由于太阳与轨道面的几何关系（β 角）不断变化，卫星轨道可能会历经全日照和最大地影这两种相差很大的状态。对于太阳同步轨道，由于太阳与轨道面的相对关系基本不变，相应的地影时间也不会有太大的变化，这对电源和热控分系统的设计提供了很有利的轨道环境。对于采用太阳电池作为主要电源的卫星，最大地影时间是个重要参数，它对应的是最小光照时间。对于较大偏心率的轨道，地影时间还与轨道的近地点的位置有关，对于近圆轨道可以用圆轨道来近似，其结果的相对误差与偏心率同一量级。下面给出圆轨道情况的地影时间的计算方法。

（1）最大地影时间

当阳光与轨道面平行即 β 角为零时，轨道处于最大地影状态，由图 6－4 可以看出，在这种状态，轨道处于地影区的弧长为 $2\beta^*$。

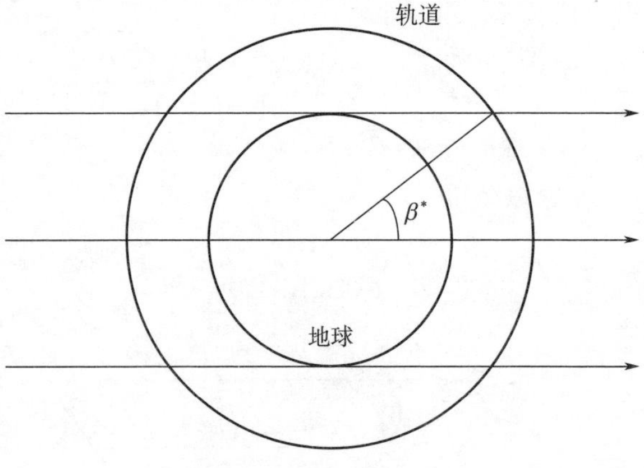

图 6－4　最大地影示意图

记地球半径为 R，轨道高度为 h，则

$$\beta^* = \arcsin\left(\frac{R}{R+h}\right) \tag{6-15}$$

最大地影时间为

$$\Delta T_{max} = \frac{\beta^*}{\pi} T \tag{6-16}$$

式中　T ——轨道周期。

（2）一般情况地影时间

一般情况的地影如图 6-5 所示，最外面的圆代表由轨道形成的球面，里面的小圆代表地影，A 是地影轴线，也可以看成是太阳的影点。图上的半个椭圆代表轨道，AB 和 AC 都是大圆弧，AB 所对应的地心角 β^* 的含义与前面相同，是最大地影的一半，AC 对应的是 β 角。在这种一般情况下，BC 是地影弧长的一半。ABC 构成一个球面直角三角形，于是有

$$\Delta u = \arccos(\cos\beta^* / \cos\beta) \tag{6-17}$$

由式（6-15）得

$$\cos\beta^* = \frac{\sqrt{h^2 + 2Rh}}{R + h} \tag{6-18}$$

最后可求得地影弧长占整个轨道的比例 f_E

$$f_E = \frac{2\Delta u}{2\pi} = \frac{1}{\pi} \arccos\left[\frac{\sqrt{h^2 + 2Rh}}{(R + h)\cos\beta}\right] \tag{6-19}$$

将其乘以轨道周期就是地影时间，而日照因子为 $1 - f_E$ 。

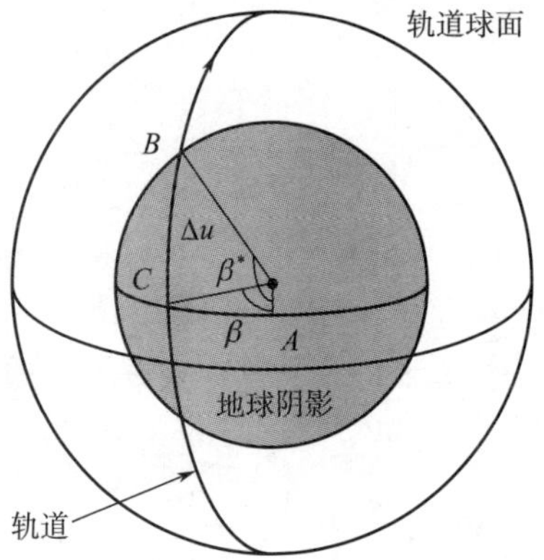

图 6-5　地影的一般情况示意图

6.3 定轨

定轨是根据一段轨道的测量数据计算出相应时刻的轨道参数(orbit determination，orbit construction)。

经典的定轨包括定初轨和轨道改进两部分。定初轨是根据六个独立观测量来确定六个轨道根数；轨道改进是在初轨的基础上利用更多的观测量来精化相应历元的轨道根数。对于人造卫星的情况，定初轨也包含轨道改进的过程。

任何测量都是有误差的，因此轨道确定的过程，就是基于实际的观测数据找出一条在某种意义下与真实轨道最符合的轨道。

理论上任意时刻的测量值 $\boldsymbol{s}(t)$ 与对应时刻的运动状态 $\boldsymbol{r}$ ，$\boldsymbol{v}$ 的关系是确切可知的

$$\boldsymbol{s}(t)=\boldsymbol{g}(\boldsymbol{r},\boldsymbol{v},t) \tag{6-20}$$

对于卫星轨道的情况，任意时刻的运动状态又可以与某个历元的状态向量 $\boldsymbol{r}$ ，$\boldsymbol{v}$ 或轨道根数（以 $\boldsymbol{e}$ 来表示）发生联系。

假设对应 n 个时刻 (t_1，t_2，…，t_n) 获得 n 个观测向量 ($\boldsymbol{s}_1^o$，$\boldsymbol{s}_2^o$，…，$\boldsymbol{s}_n^o$) ，因为它们都包含误差，与理论的观测量不同，用上标“o”来区别。记

$$\boldsymbol{S}^o=\begin{bmatrix}\boldsymbol{s}_1^o\\\boldsymbol{s}_2^o\\\vdots\\\boldsymbol{s}_n^o\end{bmatrix},\ \boldsymbol{S}=\begin{bmatrix}\boldsymbol{s}(t_1)\\\boldsymbol{s}(t_2)\\\vdots\\\boldsymbol{s}(t_n)\end{bmatrix}$$

$$\Sigma=(\boldsymbol{S}^o-\boldsymbol{S})^{\mathrm{T}}\boldsymbol{W}(\boldsymbol{S}^o-\boldsymbol{S})$$

式中，$\boldsymbol{W}$ 是权矩阵。如果这 n 个观测向量互不相关，则

$$\boldsymbol{W}=\begin{bmatrix}\boldsymbol{W}_1 & 0 & 0 & 0\\0 & \boldsymbol{W}_2 & 0 & 0\\0 & 0 & \ddots & 0\\0 & 0 & 0 & \boldsymbol{W}_n\end{bmatrix}$$

定轨就是要寻找出某个历元的运动状态向量或轨道根数的估计值，使其代入 Σ 后取得最小值，即要求

$$\hat{\Sigma} = (\boldsymbol{S}^o - \hat{\boldsymbol{S}})^{\mathrm{T}} \boldsymbol{W} (\boldsymbol{S}^o - \hat{\boldsymbol{S}}) = \min$$

$\hat{\boldsymbol{S}}$ 表示用估计值 $\hat{\boldsymbol{e}}$ 代入后的测量值。为了满足上述要求必须使得

$$\left(\frac{\partial \hat{\boldsymbol{S}}}{\partial \boldsymbol{e}}\right)^{\mathrm{T}} \boldsymbol{W} (\boldsymbol{S}^o - \hat{\boldsymbol{S}}) = \boldsymbol{0}$$

此处的 $\boldsymbol{e}$ 在有解析解时可取为轨道参数，否则可取为初始状态 $\begin{bmatrix} \boldsymbol{r}_0 \\ \boldsymbol{v}_0 \end{bmatrix}$。

因为

$$\hat{\boldsymbol{S}} \approx \boldsymbol{S} + \frac{\partial \hat{S}}{\partial \boldsymbol{e}} \Delta \boldsymbol{e}$$

故可得

$$\left(\frac{\partial \hat{\boldsymbol{S}}}{\partial \boldsymbol{e}}\right)^{\mathrm{T}} \boldsymbol{W} \frac{\partial \hat{\boldsymbol{S}}}{\partial \boldsymbol{e}} \Delta \boldsymbol{e} = \left(\frac{\partial \hat{\boldsymbol{S}}}{\partial \boldsymbol{e}}\right)^{\mathrm{T}} \boldsymbol{W} \Delta \boldsymbol{S}$$

于是有

$$\Delta \boldsymbol{e} = \left[\left(\frac{\partial \hat{\boldsymbol{S}}}{\partial \boldsymbol{e}}\right)^{\mathrm{T}} \boldsymbol{W} \frac{\partial \hat{\boldsymbol{S}}}{\partial \boldsymbol{e}}\right]^{-1} \left(\frac{\partial \hat{\boldsymbol{S}}}{\partial \boldsymbol{e}}\right)^{\mathrm{T}} \boldsymbol{W} \Delta \boldsymbol{S} \tag{6-21}$$

$$\Delta \boldsymbol{e} = \hat{\boldsymbol{e}} - \boldsymbol{e}$$

$$\Delta \boldsymbol{S} = \boldsymbol{S}^o - \boldsymbol{S}$$

$$\hat{\boldsymbol{e}} = \boldsymbol{e} + \left[\left(\frac{\partial \hat{\boldsymbol{S}}}{\partial \boldsymbol{e}}\right)^{\mathrm{T}} \boldsymbol{W} \frac{\partial \hat{\boldsymbol{S}}}{\partial \boldsymbol{e}}\right]^{-1} \left(\frac{\partial \hat{\boldsymbol{S}}}{\partial \boldsymbol{e}}\right)^{\mathrm{T}} \boldsymbol{W} [\boldsymbol{S}^o - \boldsymbol{S}(\boldsymbol{e})] \tag{6-22}$$

可以基于式（6－22）来迭代求出估计值 $\hat{\boldsymbol{e}}$ 。其步骤是先通过某种途径得到一个近似值 $\boldsymbol{e}_0$，用这个近似值代替式（6－22）中的 $\boldsymbol{e}$ ，得到第一个估计值 $\hat{\boldsymbol{e}}_1$

$$\hat{\boldsymbol{e}}_1 = \boldsymbol{e}_0 + \left[\left(\frac{\partial \hat{\boldsymbol{S}}}{\partial \boldsymbol{e}}\right)^{\mathrm{T}} \boldsymbol{W} \frac{\partial \hat{\boldsymbol{S}}}{\partial \boldsymbol{e}}\right]^{-1} \left(\frac{\partial \hat{\boldsymbol{S}}}{\partial \boldsymbol{e}}\right)^{\mathrm{T}} \boldsymbol{W} [\boldsymbol{S}^o - \boldsymbol{S}(\boldsymbol{e}_0)]$$

然后按下式继续迭代

$$\hat{\boldsymbol{e}}_{k+1}=\hat{\boldsymbol{e}}_k+\left[\left(\frac{\partial \hat{\boldsymbol{S}}}{\partial \boldsymbol{e}}\right)^{\mathrm{T}}\boldsymbol{W}\frac{\partial \hat{\boldsymbol{S}}}{\partial \boldsymbol{e}}\right]^{-1}\left(\frac{\partial \hat{\boldsymbol{S}}}{\partial \boldsymbol{e}}\right)^{\mathrm{T}}\boldsymbol{W}\left[\boldsymbol{S}^o-\boldsymbol{S}(\hat{\boldsymbol{e}}_k)\right]$$

直到满足所需的精度为止。

6.4　预报

根据定轨的结果对以后时刻的卫星位置、速度或轨道进行计算称为预报（prediction，propagation）。预报有两种方法：一种是分析方法，根据某个历元的轨道根数采用轨道变化的近似解析解来计算；另一种是数值积分法，基于某个历元的卫星的位置 $\boldsymbol{r}_0$、速度 $\dot{\boldsymbol{r}}_0$ 对运动的微分方程进行数值积分。无论哪种方法，在理论上总可以表示为

$$\begin{aligned}\boldsymbol{r}&=\boldsymbol{r}(\boldsymbol{e},t)\\ \boldsymbol{v}&=\boldsymbol{v}(\boldsymbol{e},t)\end{aligned}\tag{6-23}$$

上式中的 $\boldsymbol{e}$ 既可以是某个历元时刻的位置 $\boldsymbol{r}_0$、速度 $\boldsymbol{v}_0$，也可以是轨道平根数。

在轨道分析中，常常要分析某个时刻的已知参数的误差引起的以后某个特定时刻的相应的误差，这就需要用到误差传递关系，为此需用到误差传递矩阵。误差传递可以表示为

$$\Delta\begin{bmatrix}\boldsymbol{r}\\ \boldsymbol{v}\end{bmatrix}=\boldsymbol{Q}\Delta\boldsymbol{e}\tag{6-24}$$

式中　$\boldsymbol{Q}$ ——误差传递矩阵。

$$\boldsymbol{Q}=\begin{bmatrix}\dfrac{\partial \boldsymbol{r}}{\partial \boldsymbol{e}}\\[2ex] \dfrac{\partial \boldsymbol{v}}{\partial \boldsymbol{e}}\end{bmatrix}$$

对于有解析解的情况它可以直接求出。

在没有解析解的情况，终端时刻的状态向量的误差与初始状态向量误差之间的传递关系为

$$\Delta\begin{bmatrix}\boldsymbol{r}\\\boldsymbol{v}\end{bmatrix}=\frac{\partial\begin{bmatrix}\boldsymbol{r}\\\boldsymbol{v}\end{bmatrix}}{\partial\begin{bmatrix}\boldsymbol{r}_0\\\boldsymbol{v}_0\end{bmatrix}}\Delta\begin{bmatrix}\boldsymbol{r}_0\\\boldsymbol{v}_0\end{bmatrix} \tag{6-25}$$

记

$$\boldsymbol{R}=\frac{\partial\begin{bmatrix}\boldsymbol{r}\\\boldsymbol{v}\end{bmatrix}}{\partial\begin{bmatrix}\boldsymbol{r}_0\\\boldsymbol{v}_0\end{bmatrix}}=\begin{bmatrix}\dfrac{\partial\boldsymbol{r}}{\partial\boldsymbol{r}_0} & \dfrac{\partial\boldsymbol{r}}{\partial\boldsymbol{v}_0}\\ \dfrac{\partial\boldsymbol{v}}{\partial\boldsymbol{r}_0} & \dfrac{\partial\boldsymbol{v}}{\partial\boldsymbol{v}_0}\end{bmatrix} \tag{6-26}$$

这个 6 行 6 列的误差传递矩阵 $\boldsymbol{R}$ 就是状态转移矩阵。它无法用解析方法求出，但可以和运动状态一起通过微分方程的数值积分法求出。具体的做法为

记

$$\boldsymbol{R}=\begin{bmatrix}R_{11} & R_{12}\\ R_{21} & R_{22}\end{bmatrix} \tag{6-27}$$

则

$$R_{11}=\frac{\partial\boldsymbol{r}}{\partial\boldsymbol{r}_0},R_{12}=\frac{\partial\boldsymbol{r}}{\partial\boldsymbol{v}_0},R_{21}=\frac{\partial\boldsymbol{v}}{\partial\boldsymbol{r}_0},R_{22}=\frac{\partial\boldsymbol{v}}{\partial\boldsymbol{v}_0} \tag{6-28}$$

转移矩阵的微分方程可基于运动的微分方程推得。

运动的微分方程的一般形式是

$$\begin{aligned}\frac{\mathrm{d}\boldsymbol{r}}{\mathrm{d}t}&=\boldsymbol{v}\\ \frac{\mathrm{d}\boldsymbol{v}}{\mathrm{d}t}&=\boldsymbol{f}(\boldsymbol{r},\boldsymbol{v})\end{aligned} \tag{6-29}$$

故

$$\dot{R}_{11}=\frac{\partial\dot{\boldsymbol{r}}}{\partial\boldsymbol{r}_0}=\frac{\partial\boldsymbol{v}}{\partial\boldsymbol{r}_0}=R_{21} \tag{6-30}$$

$$\dot{R}_{12}=\frac{\partial\dot{\boldsymbol{r}}}{\partial\boldsymbol{v}_0}=\frac{\partial\boldsymbol{v}}{\partial\boldsymbol{v}_0}=R_{22} \tag{6-31}$$

$$\dot{R}_{21}=\frac{\partial \dot{\boldsymbol{v}}}{\partial \boldsymbol{r}_0}=\frac{\partial \boldsymbol{f}}{\partial \boldsymbol{r}_0}=\frac{\partial \boldsymbol{f}}{\partial \boldsymbol{r}}\frac{\partial \boldsymbol{r}}{\partial \boldsymbol{r}_0}+\frac{\partial \boldsymbol{f}}{\partial \boldsymbol{v}}\frac{\partial \boldsymbol{v}}{\partial \boldsymbol{r}_0}=\frac{\partial \boldsymbol{f}}{\partial \boldsymbol{r}}R_{11}+\frac{\partial \boldsymbol{f}}{\partial \boldsymbol{v}}R_{21} \tag{6-32}$$

$$\dot{R}_{22}=\frac{\partial \dot{\boldsymbol{v}}}{\partial \boldsymbol{v}_0}=\frac{\partial \boldsymbol{f}}{\partial \boldsymbol{v}_0}=\frac{\partial \boldsymbol{f}}{\partial \boldsymbol{r}}\frac{\partial \boldsymbol{r}}{\partial \boldsymbol{v}_0}+\frac{\partial \boldsymbol{f}}{\partial \boldsymbol{v}}\frac{\partial \boldsymbol{v}}{\partial \boldsymbol{v}_0}=\frac{\partial \boldsymbol{f}}{\partial \boldsymbol{r}}R_{21}+\frac{\partial \boldsymbol{f}}{\partial \boldsymbol{v}}R_{22} \tag{6-33}$$

于是又得到一个 36 个自由度的矩阵微分方程

$$\dot{R}=\begin{bmatrix} R_{21} & R_{22} \\ \dfrac{\partial \boldsymbol{f}}{\partial \boldsymbol{r}}R_{11}+\dfrac{\partial \boldsymbol{f}}{\partial \boldsymbol{v}}R_{21} & \dfrac{\partial \boldsymbol{f}}{\partial \boldsymbol{v}}R_{21}+\dfrac{\partial \boldsymbol{f}}{\partial \boldsymbol{v}}R_{22} \end{bmatrix} \tag{6-34}$$

微分方程（6－34）的初值是 6 行 6 列的单位矩阵。6 个自由度的微分方程（6－29）和 36 个自由度的微分方程（6－34）可以联立成 42 个自由度的微分方程进行求解。

6.5 定轨和预报精度的协方差分析法

定轨精度分析有两种方法。一种方法是数值模拟法，首先通过随机模拟真实的测量和定轨过程，然后对结果进行统计。具体来说就是在理论测量值上增加一个随机数来模拟实测值，然后通过定轨算法来算出真实的轨道。由于随机数的变化，各次算出的轨道是不同的，因此需要将 n 次定出的轨道进行统计学的处理，进而对轨道的精度进行统计推断。另一种方法是协方差分析法，因为误差是小量，可以按线性传递关系来处理，于是可以直接给出估计量与测量误差之间的统计关系。估计量一般都是向量，因此要用到误差向量的协方差矩阵的概念。

对于一个随机变量 x ，一般用 $E(x)$ 来表示它的数学期望，记 $m=E(x)$ 。它的方差 $\sigma^2=E[(x-m)^2]$ 。误差向量 $\Delta\boldsymbol{e}$ 作为一个随机向量也有数学期望，记它的数学期望为 $\boldsymbol{m}$

$$\boldsymbol{m}=E(\Delta\boldsymbol{e})$$

随机向量的方差概念就是协方差（covariance）矩阵，记为

$\mathrm{cov}(\Delta\boldsymbol{e})$ ，定义为

$$\mathrm{cov}(\Delta\boldsymbol{e})=E[(\Delta e_i-m_i)(\Delta e_j-m_j)]$$

则由式（6－21）可以得出

$$\boldsymbol{m}=E(\Delta\boldsymbol{e})=\left[\left(\frac{\partial\hat{\boldsymbol{S}}}{\partial\boldsymbol{e}}\right)^{\mathrm{T}}\boldsymbol{W}\frac{\partial\hat{\boldsymbol{S}}}{\partial\boldsymbol{e}}\right]^{-1}\left(\frac{\partial\hat{\boldsymbol{S}}}{\partial\boldsymbol{e}}\right)^{\mathrm{T}}\boldsymbol{W}E(\Delta\boldsymbol{S})$$

其中，$E(\Delta\boldsymbol{S})$ 是观测向量的数学期望，这部分是系统误差。$\Delta\boldsymbol{S}$ 的协方差矩阵是 $\mathrm{cov}(\Delta\boldsymbol{S})$ ，轨道误差的协方差矩阵为

$$\mathrm{cov}(\Delta\boldsymbol{e})=\left[\left(\frac{\partial\hat{\boldsymbol{S}}}{\partial\boldsymbol{e}}\right)^{\mathrm{T}}\boldsymbol{W}\frac{\partial\hat{\boldsymbol{S}}}{\partial\boldsymbol{e}}\right]^{-1}\left(\frac{\partial\hat{\boldsymbol{S}}}{\partial\boldsymbol{e}}\right)^{\mathrm{T}}\boldsymbol{W}\mathrm{cov}(\Delta\boldsymbol{S})\boldsymbol{W}\frac{\partial\hat{\boldsymbol{S}}}{\partial\boldsymbol{e}}\left[\left(\frac{\partial\hat{\boldsymbol{S}}}{\partial\boldsymbol{e}}\right)^{\mathrm{T}}\boldsymbol{W}\frac{\partial\hat{\boldsymbol{S}}}{\partial\boldsymbol{e}}\right]^{-1}$$

若权矩阵 $\boldsymbol{W}$ 取为

$$\boldsymbol{W}=\mathrm{cov}(\Delta\boldsymbol{S})^{-1}$$

则可以得到

$$\mathrm{cov}(\Delta\boldsymbol{e})=\left[\left(\frac{\partial\hat{\boldsymbol{S}}}{\partial\boldsymbol{e}}\right)^{\mathrm{T}}\mathrm{cov}(\Delta\boldsymbol{S})^{-1}\frac{\partial\hat{\boldsymbol{S}}}{\partial\boldsymbol{e}}\right]^{-1}$$

如果要基于该轨道来预报以后的任意时刻的状态，则该状态的误差可由下式得出

$$\mathrm{cov}\begin{bmatrix}\Delta\boldsymbol{r}\\ \Delta\boldsymbol{v}\end{bmatrix}=\boldsymbol{Q}\mathrm{cov}(\Delta\boldsymbol{e})\boldsymbol{Q}^{\mathrm{T}}$$

如果预报不是由某历元的轨道根数来推算的，而是基于该历元的状态通过微分方程的数值解获得的，则由该历元的状态的误差协方差矩阵和状态转移矩阵计算求得

$$\mathrm{cov}\begin{bmatrix}\Delta\boldsymbol{r}\\ \Delta\boldsymbol{v}\end{bmatrix}=\boldsymbol{R}\mathrm{cov}\begin{bmatrix}\Delta\boldsymbol{r}_0\\ \Delta\boldsymbol{v}_0\end{bmatrix}\boldsymbol{R}^{\mathrm{T}}$$

附录 A　一种高精度的卫星星历模型

杨维廉

摘　要：针对近圆的近地卫星轨道，提供了一种高精度的计算卫星星历的数学模型。该模型利用 10 个固定参数来拟合轨道的长期和长周期变化部分，短周期变化部分利用已有的理论结果。充分利用近圆轨道的特点将田谐项引起的短周期变化部分进行同频合并后，最终的分析表达式相当简单。该模型还有相当高的灵活性，可以根据不同的精度要求进行相应的选择，其最大误差可控制在 50 m 以下。

关键词：近地轨道卫星；卫星轨道；轨道计算；星历模型

1　引言

在应用卫星中，有相当一类卫星需要在星上计算卫星的星历，这些星历除了供星上自主管理使用以及为姿态控制系统提供惯性基准外，有的还要实时地下传给用户。根据不同的使用要求，这种星历的精度要求也是不同的。在卫星上实时计算星历就必须要有一个合适的数学模型，这种模型通常是基于精心设计的几个固定参数，这些参数由地面跟踪系统根据精确测轨的结果拟合出来并定期地向星上注入。在保证所需的模型精度的前提下尽可能简化模型是星历模型设计的原则。美国的全球定位系统 GPS 设计了一个很好的模型，但那是针对约两万千米高度的近圆轨道设计的，如果把这种模型用于近地轨道是不可能达到相同精度的。其原因是，对于近地轨道除了大气阻力影响不可忽略外，更主要的是地球引力场引起的轨道变化将包含很多不可忽略的高频谐波。

本文所设计的星历模型主要是针对近地的近圆轨道卫星的应用，因为几乎所有的近地应用卫星都采用近圆轨道。近圆轨道的很多变化部分是可以用圆轨道来近似的，这就使得高频变化的处理可以比较简单。本文所提供的模型还有相当高的灵活性，它可以根据不同的精度要求进行相应的选择，模型的最大误差可以控制在 50 m 以内。

2　轨道变化特性的分析

近地卫星所受的作用力主要是地球引力、大气阻力、日月引力及太阳光压力等。在这些力的作用下，轨道的变化包括长期、长周期、短周期三类。长期变化即轨道参数随时间的线性或二阶及更高阶的变化，卫星轨道受地球扁率的影响轨道面以固定的速率西退或东进就属于线性变化，大气阻力使卫星产生一个正的角加速度，这就是一个随时间的二阶变化；长周期变化主要是由地球引力场带谐调和项引起的，它的周期很长，在较短的时间内可以将其近似为线性变化；短周期变化又可以细分为两类，一类的周期小于或等于卫星运动的轨道周期，其中最主要的是地球扁率引起的，振幅可达数千米，另一类是地球引力场田谐调和项引起的变化，周期较长一些但仍小于或等于一天，其中赤道椭率项引起的变化最为显著，周期为半天，振幅约为 500 m。

基于上述分析，我们制定的模型中包括长期变化和短周期变化两类，并在角位置参数中考虑二阶变化。长期变化的变化率虽然有理论结果可用但计算较为复杂，我们将其作为未知参数进行拟合。短周期变化应用已知的理论结果，其中的扁率摄动只取一阶部分。田谐项的摄动非常复杂[1]，但对于小偏心率的轨道只需取其低频部分便可达到很高的精度。将不同田谐项的同频部分归并在一起，不仅使得模型非常简单，而且相应频率的振幅可根据所采用的地球引力场模型阶数的不同预先计算并作为已知的参数写入计算程序中或实时注入。短周期变化的处理方法是我们的这种星历模型的重要特色。

3 星历模型

3.1 轨道参数的选择

设计星历模型通常都是给出描述轨道参数变化的数学模型，根据这个模型计算出任意时刻的瞬时轨道参数，然后进一步算出对应时刻卫星在惯性坐标系中的位置和速度。由于本模型是针对小偏心率的轨道，因此采用下述六个基本的轨道参数

$$a, i, \xi = e\cos\omega, \eta = e\sin\omega, \Omega, \lambda = M + \omega$$

其中，a，i，e，ω，Ω 是五个经典的开普勒要素；M 是平近点角。这六个轨道要素是随时间变化的，为了描述轨道的长期变化我们再引进四个固定参数，因此用以与精确轨道拟合的是某个历元时刻 t_0 的十个参数：

a_0——平均半长轴；

i_0——平均轨道倾角；

e_b——偏心率固定偏移；

ξ_0——偏心率向量的 x 分量；

η_0——偏心率向量的 y 分量；

Ω_0——升交点赤经；

λ_0——平均纬度角；

$\dot{\Omega}$——升交点赤经的变化率；

$\dot{\lambda}$——平均纬度角的一阶变化率；

$\ddot{\lambda}$——平均纬度角的二阶变化率。

在考虑田谐调和项的影响时要用到格林尼治恒星时，因此在向星上注入时除了上述十个参数外，还需要历元时刻 t_0 及历元时刻的格林尼治恒星时 θ_0。星上计算机有了这十二个参数就可以利用下面的计算公式算出任意时刻的轨道参数。

3.2 计算方法

利用上述十二个固定参数可以计算出任意时刻 t 卫星在天球赤道坐标系中的位置 x，y，z 及速度 $\dot{x}$，$\dot{y}$，$\dot{z}$，其具体步骤是：

（1）计算 t 时刻的平均轨道参数

$$n_0=\sqrt{\frac{\mu}{a_0^3}},c=J_2\left(\frac{R_e}{a_0}\right)^2,T=t-t_0,\Delta\omega=0.75cn_0(1-5\cos^2 i_0)T,$$

$$s_0=\sin(\Delta\omega),c_0=\cos(\Delta\omega),a=a_0-\frac{4a_0\ddot{\lambda}T}{3n_0},i=i_0,$$

$$\xi=c_0\xi_0-s_0\eta_0,\eta=c_0\eta_0+s_0\xi_0+e_b,$$

$$\overline{\Omega}=\Omega_0+\dot{\Omega}T,\lambda=\lambda_0+\dot{\lambda}T+\ddot{\lambda}T^2,e=\sqrt{\xi^2+\eta^2},\omega=\arctan\left(\frac{\eta}{\xi}\right)$$

如果 $\eta<0$，$\omega\Rightarrow\omega-\pi$，则

$$\bar{G}=\sqrt{\mu a_0(1-e^2)},c_i=\cos i_0,M=\lambda-\omega,$$

$$\bar{r}=a(1+0.5e^2-e\cos M-0.5e^2\cos 2M)$$

$$f=M+2e\sin M+1.25e^2\sin 2M,$$

$$\bar{u}=f+\omega,\theta=\dot{\theta}T+\theta_0$$

其中，$R_e=6\ 378.14$ km，是地球赤道平均半径；$J_2=0.001\ 082\ 64$，是地球引力场二阶带谐调和项的系数；$\dot{\theta}=7\ 292\ 115\times10^{-11}\ \mathrm{s}^{-1}$，是地球在惯性空间中的自转角速度；$\mu=398\ 600.5\ \mathrm{km}^3\cdot\mathrm{s}^{-2}$，是地球引力常数。

（2）计算 t 时刻的瞬时轨道参数

求出平均轨道参数后，根据本模型的设计只要再加上短周期摄动就得到瞬时轨道参数。为了使计算公式尽可能简单，采用 Hill 变量并将变量 H 由倾角 i 来替换。短周期摄动的主要部分是由 J_2 引起的一阶摄动，对于小偏心率，又可以把与偏心率有关的项全部忽略，于是得到下列非常简单的计算公式

$$r = \bar{r} + 0.25ca_0[3(1 - 3c_i^2) + s_i^2\cos 2\bar{u}] + \Delta r$$

$$u = \bar{u} + 0.125c(7s_i^2 - 6)\sin 2\bar{u} + \Delta u$$

$$i = i_0 + 0.75cc_is_i\cos 2\bar{u} + \Delta i$$

$$\Omega = \bar{\Omega} + 0.75cc_i\sin 2\bar{u} + \Delta\Omega$$

$$G = \bar{G}(1 + 0.75cs_i^2\cos 2\bar{u}) + \Delta G$$

$$\dot{r} = \frac{\mu e}{\bar{G}}\sin f - 0.5cn_0a_0s_i^2\sin 2\bar{u} + \Delta\dot{r}$$

其中，Δr，Δu，Δi，$\Delta\Omega$，ΔG，$\Delta\dot{r}$ 是由地球引力场田谐调和项引起的短周期摄动，具体表达式见参考文献［1］，取出不含因子 e 的主要部分并进行归并整理后便得到非常简单的形式

$$\Delta r = \sum_{m=1}^{K}[(r_c^{(m)} + r_{cc}^{(m)}\cos\bar{u} + r_{cs}^{(m)}\sin\bar{u})\cos m(\bar{\Omega} - \theta) + (r_s^{(m)} + r_{sc}^{(m)}\cos\bar{u} + r_{ss}^{(m)}\sin\bar{u})\sin m(\bar{\Omega} - \theta)]$$

$$\Delta u = \sum_{m=1}^{K}[(u_c^{(m)} + u_{cc}^{(m)}\cos\bar{u} + u_{cs}^{(m)}\sin\bar{u})\cos m(\bar{\Omega} - \theta) + (u_s^{(m)} + u_{sc}^{(m)}\cos\bar{u} + u_{ss}^{(m)}\sin\bar{u})\sin m(\bar{\Omega} - \theta)]$$

$$\Delta i = \sum_{m=1}^{K}[(i_c^{(m)} + i_{cc}^{(m)}\cos\bar{u} + i_{cs}^{(m)}\sin\bar{u})\cos m(\bar{\Omega} - \theta) + (i_s^{(m)} + i_{sc}^{(m)}\cos\bar{u} + i_{ss}^{(m)}\sin\bar{u})\sin m(\bar{\Omega} - \theta)]$$

$$\Delta\Omega = \sum_{m=1}^{K}[(\Omega_c^{(m)} + \Omega_{cc}^{(m)}\cos\bar{u}\Omega_{cs}^{(m)}\sin\bar{u})\cos m(\bar{\Omega} - \theta) + (\Omega_s^{(m)} + \Omega_{sc}^{(m)}\cos\bar{u} + \Omega_{ss}^{(m)}\sin\bar{u})\sin m(\bar{\Omega} - \theta)]$$

$$\Delta G = \sum_{m=1}^{K}[(G_c^{(m)} + G_{cc}^{(m)}\cos\bar{u} + G_{cs}^{(m)}\sin\bar{u})\cos m(\bar{\Omega} - \theta) + (G_s^{(m)} + G_{sc}^{(m)}\cos\bar{u} + G_{ss}^{(m)}\sin\bar{u})\sin m(\bar{\Omega} - \theta)]$$

$$\Delta\dot{r} = \sum_{m=1}^{K}[(\dot{r}_c^{(m)} + \dot{r}_{cc}^{(m)}\cos\bar{u} + \dot{r}_{cs}^{(m)}\sin\bar{u})\cos m(\bar{\Omega} - \theta) + (\dot{r}_s^{(m)} + \dot{r}_{sc}^{(m)}\cos\bar{u} + \dot{r}_{ss}^{(m)}\sin\bar{u})\sin m(\bar{\Omega} - \theta)]$$

其中，$r_c^{(m)}$，$r_{cc}^{(m)}$ 等系数是地球引力场模型参数 C_{nm}，S_{nm} 以及半长轴 a，倾角 i 的函数，并随地球引力场模型截断的最大阶数 N 的不同而变化，具体的表达式在附录 A 中给出，它是根据文献［1］中的结果导出的。如果要在卫星上计算这些系数，则需占据相当一部分内存和计算时间。注意到 a，i 的不太大的变化对这些系数的影响很小，而这些系数本身又都很小，因此这种变化最后引起卫星位置的变化更小，据此，完全可以利用设计的标称轨道参数预先算出这些参数，并把这些系数作为已知的常数注入星上的计算程序内，这种处理方法是这种模型的另一个重要特色。

K 的取值决定了模型的精度，K 越大精度越高，因为 K 越大田谐项摄动包括得越完整。K 的增大使内存及计算时间的增加是很有限的。另一方面，引力场截断的阶数 N 越大精度也越高，而且 N 的变化只改变上述这些系数的数值而不改变计算模型本身，因此这种模型可以采用任何最新最完整的地球引力场模型。

（3）计算 t 时刻的卫星位置和速度

$$x = r(\cos\Omega\cos u - \sin\Omega\cos i\sin u)$$

$$y = r(\sin\Omega\cos u + \cos\Omega\cos i\sin u)$$

$$z = r\sin i\sin u$$

$$\dot{x} = \frac{1}{r}[x\dot{r} - G(xz\sin i\cos u + yr\cos i)/(x^2 + y^2)]$$

$$\dot{y} = \frac{1}{r}[y\dot{r} - G(yz\sin i\cos u - xr\cos i)/(x^2 + y^2)]$$

$$\dot{z} = \frac{1}{r}(z\dot{r} + G\sin i\cos u)$$

4　轨道参数的拟合及模型精度检验

模型中的十个参数是通过与精确轨道的拟合得到的，拟合的准则是使位置误差的均方和最小。拟合时采样间隔可取一分钟或更长，拟合的总弧长可取一到三天，具体长度视需要而定。

为了检验模型的精度，需要有参考的卫星运动的精确轨道。可

以以精确的运动方程的数值积分结果模拟卫星的精确轨道，在运动方程中采用的地球引力场模型是惯用的势函数球谐展开式

$$U=\frac{\mu}{r}\left[1-\sum_{n=2}^{N}J_n\left(\frac{R_e}{r}\right)^n P_n(\sin\theta)+\sum_{n=2}^{N}\sum_{m=1}^{n}\left(\frac{R_e}{r}\right)^n(C_{nm}\cos m\lambda+S_{nm}\sin m\lambda)\right]$$

具体参数取自 GEML－2，该模型是由纯卫星资料确定的。根据国外的评介，利用这个模型计算近地卫星轨道其位置误差为米级。在运动方程中还包括了大气阻力及日、月引力的影响，大气密度采用指数模型。作者针对一些有代表性的情况进行了检验，采用的轨道为平均高度 800 km 的近圆太阳同步轨道，偏心率为 0.001 1，这是典型的地球资源卫星轨道。每次拟合的总弧长为一天，时间间隔为1 min，具体结果是：

1）如果在计算模型中不考虑地球引力场田谐调和项的影响，即在计算公式中舍弃 Δr，Δu，… 摄动项，则位置的最大误差可超过 1 km，位置误差随时间的变化情况由图 1 中的曲线给出。

2）如果把主要田谐项，通常是四阶四级以内的项的影响全部考虑进去，即将地球引力场模型截断到 $N=4$，公式中取 $K=4$，则最大位置误差约为 200 m，图 2 显示了这一结果。

3）不增加星上的计算量，即 K 不变而增大地球引力场截断的阶数，应该使精度进一步提高，图 3 为 $K=4$，$N=15$ 的情况。

4）只增大 N 而不增大K，精度提高并不明显，原因是所增大的引力场是残缺不全的，因此为进一步提高精度，K 还应增大，图 4 和图 5 分别是 $K=8$ 和 $K=15$ 的情况，从图 5 可以看出 15 阶 15 级的完整的地球引力场可以使误差降低到 60 m 以下。

5）进一步增加引力场的阶数还可以提高精度，但效果将不再特别明显，这也是很自然的，因为引力场的更高阶项本身的影响就不是很大。图 6 给出了 $N=K=20$ 的情况，其误差已降到 50 m 以下。

6）为了检验模型中对大气阻力及日、月引力处理方法的效果，把计算精确轨道所用的地球引力场只保留到 2 阶 2 级，以突出大气

阻力及日、月引力的影响，检验结果如图 7 所示。这表明所选择的处理方法是有效的。

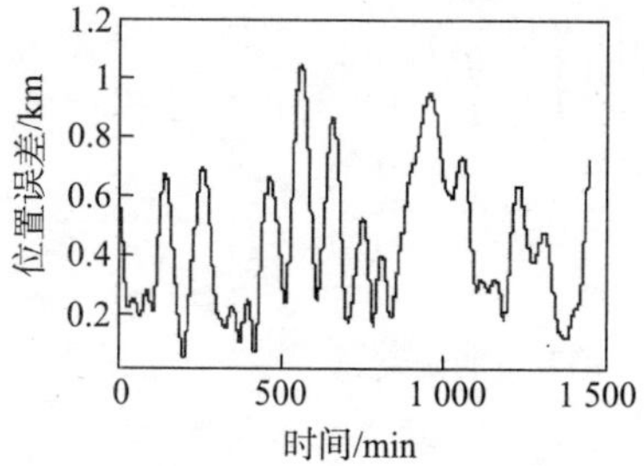

图 1　忽略田谐项的误差

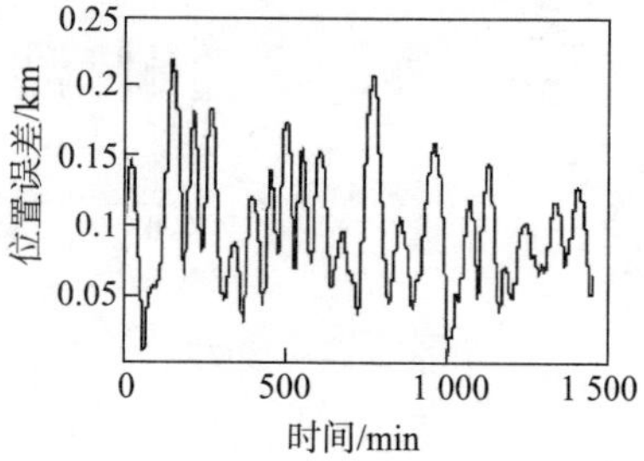

图 2　$N=4$，$K=4$ 的误差

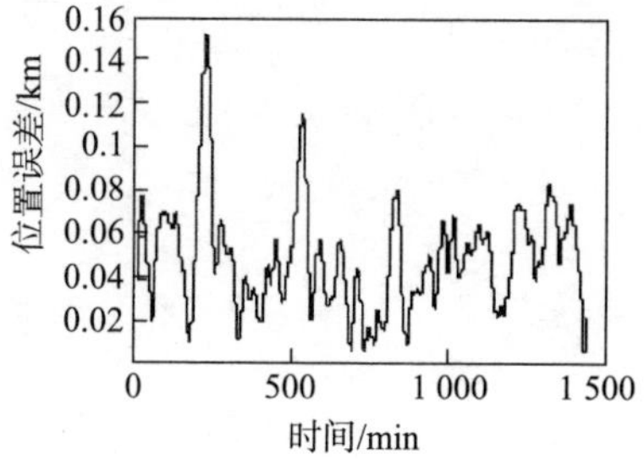

图 3　$N=15$，$K=4$ 的误差

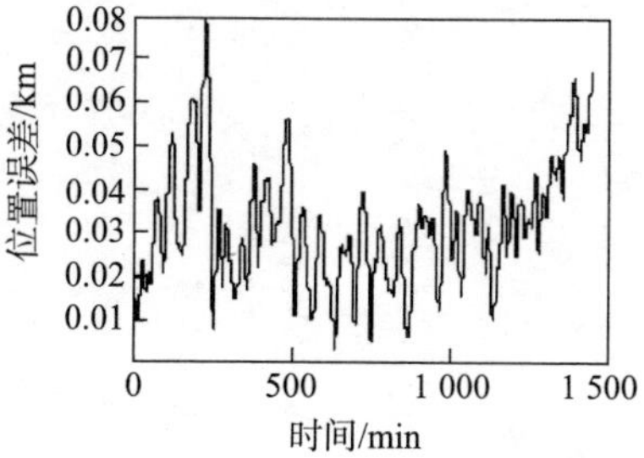

图 4　$N=15$，$K=8$ 的误差

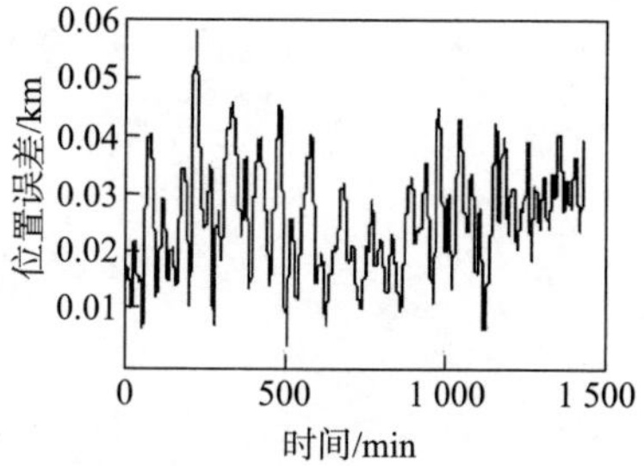

图 5　$N=K=15$ 的误差

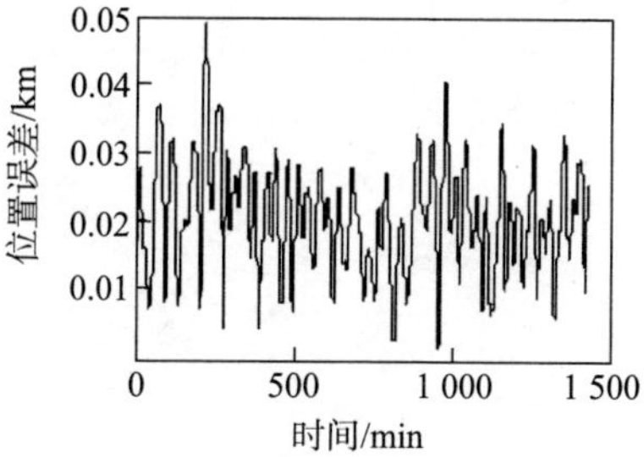

图 6　$N=K=20$ 的误差

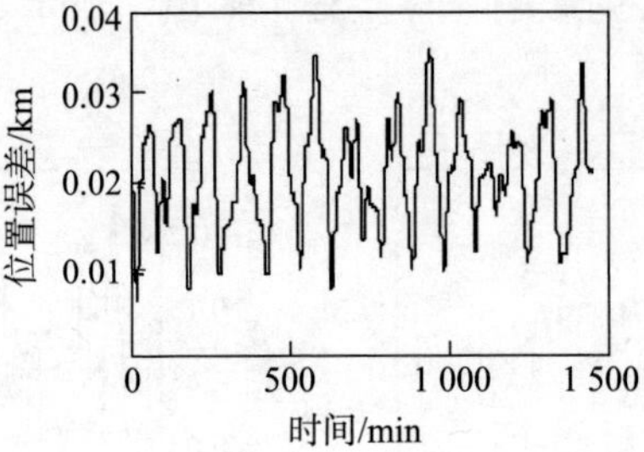

图 7　大气阻力及日、月引力的误差

参 考 文 献

[1]　杨维廉．卫星轨道摄动频谱分析 [J]．宇航学报，1995，16 (4)：1-8.

附录B　田谐调和项摄动的系数

设地球引力场势函数截断的阶数为 N，记 L_1 为 $N/2$ 的整数部分，L_2 为 $(N-1)/2$ 的整数部分，则

$$r_c^{(m)} = \begin{cases} \sum_{k=m/2}^{L_1} r_{2k,m,k} C_{2k,m} & m-even \\ -\sum_{k=(m+1)/2}^{L_1} r_{2k,m,k} S_{2k,m} & m-odd \end{cases}$$

$$r_s^{(m)} = \begin{cases} \sum_{k=m/2}^{L_1} r_{2k,m,k} S_{2k,m} & m-even \\ \sum_{k=(m+1)/2}^{L_1} r_{2k,m,k} C_{2k,m} & m-odd \end{cases}$$

$$r_{cc}^{(m)} = \begin{cases} -\sum_{k=m/2}^{L_2} (r_{2k+1,m,k} + r_{2k+1,m,k+1}) S_{2k+1,m} & m-even \\ \sum_{k=(m+1)/2}^{L_2} (r_{2k+1,m,k} + r_{2k+1,m,k+1}) C_{2k+1,m} & m-odd \end{cases}$$

$$r_{cs}^{(m)} = \begin{cases} \sum_{k=m/2}^{L_2} (r_{2k+1,m,k} - r_{2k+1,m,k+1}) C_{2k+1,m} & m-even \\ \sum_{k=(m+1)/2}^{L_2} (r_{2k+1,m,k} - r_{2k+1,m,k+1}) S_{2k+1,m} & m-odd \end{cases}$$

$$r_{sc}^{(m)}=\begin{cases}\sum_{k=m/2}^{L_2}(r_{2k+1,m,k}+r_{2k+1,m,k+1})C_{2k+1,m} & m-even\\ \sum_{k=(m+1)/2}^{L_2}(r_{2k+1,m,k}+r_{2k+1,m,k+1})S_{2k+1,m} & m-odd\end{cases}$$

$$r_{ss}^{(m)}=\begin{cases}\sum_{k=m/2}^{L_2}(r_{2k+1,m,k}-r_{2k+1,m,k+1})S_{2k+1,m} & m-even\\ -\sum_{k=(m+1)/2}^{L_2}(r_{2k+1,m,k}-r_{2k+1,m,k+1})C_{2k+1} & m-odd\end{cases}$$

$$u_{c}^{(m)}=\begin{cases}-\sum_{k=m/2}^{L_1}u_{2k,m,k}S_{2k,m} & m-even\\ -\sum_{k=(m+1)/2}^{L_1}u_{2k,m,k}C_{2k,m} & m-odd\end{cases}$$

$$u_{s}^{(m)}=\begin{cases}\sum_{k=m/2}^{L_1}u_{2k,m,k}C_{2k,m} & m-even\\ -\sum_{k=(m+1)/2}^{L_1}u_{2k,m,k}S_{2k,m} & m-odd\end{cases}$$

$$u_{cc}^{(m)}=\begin{cases}-\sum_{k=m/2}^{L_2}(u_{2k+1,m,k}+u_{2k+1,m,k+1})C_{2k+1,m} & m-even\\ -\sum_{k=(m+1)/2}^{L_2}(u_{2k+1,m,k}+u_{2k+1,m,k+1})S_{2k+1,m} & m-odd\end{cases}$$

$$u_{cs}^{(m)}=\begin{cases}-\sum_{k=m/2}^{L_2}(u_{2k+1,m,k}-u_{2k+1,m,k+1})S_{2k+1,m} & m-even\\ \sum_{k=(m+1)/2}^{L_2}(u_{2k+1,m,k}-u_{2k+1,m,k+1})C_{2k+1,m} & m-odd\end{cases}$$

$$u_{sc}^{(m)}=\begin{cases}-\sum\limits_{k=m/2}^{L_2}(u_{2k+1,m,k}+u_{2k+1,m,k+1})S_{2k+1,m} & m-even\\ \sum\limits_{k=(m+1)/2}^{L_2}(u_{2k+1,m,k}+u_{2k+1,m,k+1})C_{2k+1,m} & m-odd\end{cases}$$

$$u_{ss}^{(m)}=\begin{cases}\sum\limits_{k=m/2}^{L_2}(u_{2k+1,m,k}-u_{2k+1,m,k+1})C_{2k+1,m} & m-even\\ \sum\limits_{k=(m+1)/2}^{L_2}(u_{2k+1,m,k}-u_{2k+1,m,k+1})S_{2k+1,m} & m-odd\end{cases}$$

$$i_{c}^{(m)}=\begin{cases}\sum\limits_{k=m/2}^{L_1}i_{2k,m,k}C_{2k,m} & m-even\\ -\sum\limits_{k=(m+1)/2}^{L_2}i_{2k,m,k}S_{2k,m} & m-odd\end{cases}$$

$$i_{s}^{(m)}=\begin{cases}\sum\limits_{k=m/2}^{L_1}i_{2k,m,k}S_{2k,m} & m-even\\ \sum\limits_{k=(m+1)/2}^{L_1}i_{2k,m,k}C_{2k,m} & m-odd\end{cases}$$

$$i_{cc}^{(m)}=\begin{cases}-\sum\limits_{k=m/2}^{L_2}(i_{2k+1,m,k}+i_{2k+1,m,k+1})S_{2k+1,m} & m-even\\ \sum\limits_{k=(m+1)/2}^{L_2}(i_{2k+1,m,k}+i_{2k+1,m,k+1})C_{2k+1,m} & m-odd\end{cases}$$

$$i_{cs}^{(m)}=\begin{cases}\sum\limits_{k=m/2}^{L_2}(i_{2k+1,m,k}-i_{2k+1,m,k+1})C_{2k+1,m} & m-even\\ \sum\limits_{k=(m+1)/2}^{L_2}(i_{2k+1,m,k}-i_{2k+1,m,k+1})S_{2k+1,m} & m-odd\end{cases}$$

$$i_{sc}^{(m)}=\begin{cases}\sum\limits_{k=m/2}^{L_2}(i_{2k+1,m,k}+i_{2k+1,m,k+1})C_{2k+1,m} & m-even\\ \sum\limits_{k=(m+1)/2}^{L_2}(i_{2k+1,m,k}+i_{2k+1,m,k+1})S_{2k+1,m} & m-odd\end{cases}$$

$$i_{ss}^{(m)}=\begin{cases}\sum\limits_{k=m/2}^{L_2}(i_{2k+1,m,k}-i_{2k+1,m,k+1})S_{2k+1,m} & m-even\\ -\sum\limits_{k=(m+1)/2}^{L_2}(i_{2k+1,m,k}-i_{2k+1,m,k+1})C_{2k+1,m} & m-odd\end{cases}$$

$$\Omega_{c}^{(m)}=\begin{cases}-\sum\limits_{k=m/2}^{L_1}\Omega_{2k,m,k}S_{2k,m} & m-even\\ -\sum\limits_{k=(m+1)/2}^{L_1}\Omega_{2k,m,k}C_{2k,m} & m-odd\end{cases}$$

$$\Omega_{s}^{(m)}=\begin{cases}\sum\limits_{k=m/2}^{L_1}\Omega_{2k,m,k}C_{2k,m} & m-even\\ \sum\limits_{k=(m+1)/2}^{L_1}\Omega_{2k,m,k}S_{2k,m} & m-odd\end{cases}$$

$$\Omega_{cc}^{(m)}=\begin{cases}-\sum\limits_{k=m/2}^{L_2}(\Omega_{2k+1,m,k}+\Omega_{2k+1,m,k+1})C_{2k+1,m} & m-even\\ -\sum\limits_{k=(m+1)/2}^{L_2}(\Omega_{2k+1,m,k}+\Omega_{2k+1,m,k+1})S_{2k+1,m} & m-odd\end{cases}$$

$$\Omega_{cs}^{(m)}=\begin{cases}-\sum\limits_{k=m/2}^{L_2}(\Omega_{2k+1,m,k}-\Omega_{2k+1,m,k+1})S_{2k+1,m} & m-even\\ \sum\limits_{k=(m+1)/2}^{L_2}(\Omega_{2k+1,m,k}-\Omega_{2k+1,m,k+1})C_{2k+1,m} & m-odd\end{cases}$$

$$\Omega_{sc} = \begin{cases} -\sum_{k=m/2}^{L_2} (\Omega_{2k+1,m,k} + \Omega_{2k+1,m,k+1}) S_{2k+1,m} & m - even \\ \sum_{k=(m+1)/2}^{L_2} (\Omega_{2k+1,m,k} + \Omega_{2k+1,m,k+1}) C_{2k+1,m} & m - odd \end{cases}$$

$$\Omega_{ss}^{(m)} = \begin{cases} \sum_{k=m/2}^{L_2} (\Omega_{2k+1,m,k} - \Omega_{2k+1,m,k+1}) S_{2k+1,m} & m - even \\ \sum_{k=(m+1)/2}^{L_2} (\Omega_{2k+1,m,k} - \Omega_{2k+1,m,k+1}) C_{2k+1,m} & m - odd \end{cases}$$

$$G_c^{(m)} = \begin{cases} \sum_{k=m/2}^{L_1} G_{2k,m,k} C_{2k,m} & m - even \\ -\sum_{k=(m+1)/2}^{L_1} G_{2k,m,k} S_{2k,m} & m - odd \end{cases}$$

$$G_s^{(m)} = \begin{cases} \sum_{k=m/2}^{L_1} G_{2k,m} S_{2k,m} & m - even \\ \sum_{k=(m+1)/2}^{L_1} G_{2k,m} C_{2k,m} & m - odd \end{cases}$$

$$G_{cc}^{(m)} = \begin{cases} -\sum_{k=m/2}^{L_2} (G_{2k,m,k} + G_{2k+1,m,k+1}) S_{2k+1,m} & m - even \\ \sum_{k=(m+1)/2}^{L_2} (G_{2k,m,k} + G_{2k+1,m,k+1}) C_{2k+1,m} & m - odd \end{cases}$$

$$G_{cs}^{(m)} = \begin{cases} \sum_{k=m/2}^{L_2} (G_{2k+1,m,k} - G_{2k+1,m,k+1}) C_{2k+1,m} & m - even \\ \sum_{k=(m+1)/2}^{L_2} (G_{2k+1,m,k} - G_{2k+1,m,k+1}) S_{2k+1,m} & m - odd \end{cases}$$

$$G_{sc}^{(m)}=\begin{cases}\sum\limits_{k=m/2}^{L_2}(G_{2k+1,m,k}+G_{2k+1,m,k+1})C_{2k+1,m} & m-even\\ \sum\limits_{k=(m+1)/2}^{L_2}(G_{2k+1,m,k}+G_{2k+1,m,k+1})S_{2k+1,m} & m-odd\end{cases}$$

$$G_{ss}^{(m)}=\begin{cases}\sum\limits_{k=m/2}^{L_2}(G_{2k+1,m,k}-G_{2k+1,m,k+1})S_{2k+1,m} & m-even\\ -\sum\limits_{k=(m+1)/2}^{L_2}(G_{2k+1,m,k}-G_{2k+1,m,k+1})C_{2k+1,m} & m-odd\end{cases}$$

$$\dot{r}_{c}^{(m)}=\begin{cases}-\sum\limits_{k=m/2}^{L_1}\dot{r}_{2k,m,k}S_{2k,m} & m-even\\ -\sum\limits_{k=(m+1)/2}^{L_1}\dot{r}_{2k,m,k}C_{2k,m} & m-odd\end{cases}$$

$$\dot{r}_{s}^{(m)}=\begin{cases}\sum\limits_{k=m/2}^{L_1}\dot{r}_{2k,m,k}C_{2k,m} & m-even\\ -\sum\limits_{k=(m+1)/2}^{L_1}\dot{r}_{2k,m,k}S_{2k,m} & m-odd\end{cases}$$

$$\dot{r}_{cc}^{(m)}=\begin{cases}-\sum\limits_{k=m/2}^{L_2}(\dot{r}_{2k+1,m,k}+\dot{r}_{2k+1,m,k+1})C_{2k+1,m} & m-even\\ -\sum\limits_{k=(m+1)/2}^{L_2}(\dot{r}_{2k+1,m,k}+\dot{r}_{2k+1,m,k+1})S_{2k+1,m} & m-odd\end{cases}$$

$$\dot{r}_{cs}^{(m)}=\begin{cases}-\sum\limits_{k=m/2}^{L_2}(\dot{r}_{2k+1,m,k}-\dot{r}_{2k+1,m,k+1})S_{2k+1,m} & m-even\\ \sum\limits_{k=(m+1)/2}^{L_2}(\dot{r}_{2k+1,m,k}-\dot{r}_{2k+1,m,k+1})C_{2k+1,m} & m-odd\end{cases}$$

$$\dot{r}_{sc}^{(m)} = \begin{cases} -\sum\limits_{k=m/2}^{L_2} (\dot{r}_{2k+1,m,k} + \dot{r}_{2k+1,m,k+1}) S_{2k+1,m} & m - even \\ \sum\limits_{k=(m+1)/2}^{L_2} (\dot{r}_{2k+1,m,k} + \dot{r}_{2k+1,m,k+1}) C_{2k+1,m} & m - odd \end{cases}$$

$$\dot{r}_{ss}^{(m)} = \begin{cases} \sum\limits_{k=m/2}^{L_2} (\dot{r}_{2k+1,m,k} - \dot{r}_{2k+1,m,k+1}) C_{2k+1,m} & m - even \\ \sum\limits_{k=(m+1)/2}^{L_2} (\dot{r}_{2k+1,m,k} - \dot{r}_{2k+1,m,k+1}) S_{2k+1,m} & m - odd \end{cases}$$

上式中的 $C_{n,m}$，$S_{n,m}$ 为地球引力场势函数调和项的系数，且

$$r_{n,m,p} = \left(\frac{R_e}{a}\right)^n aF_{nmp}(i) \frac{n+1-\dfrac{2n-4p}{\dot{\psi}_{nmp0}}}{\dot{\psi}_{nmp0}^2}$$

$$u_{n,m,p} = -\left(\frac{R_e}{a}\right)^n \left\{F_{nmp}(i)\left[\frac{1-2n}{\dot{\psi}_{nmp0}} + \frac{2\dot{\psi}_{nmp0}}{\dot{\psi}_{nmp0}-1}\left(n+1-\frac{2n-4p}{\dot{\psi}_{nmp0}}\right) - \frac{3}{\dot{\psi}_{nmp0}}\left(1-\frac{n-2p}{\dot{\psi}_{nmp0}}\right)\right] + \frac{\cos i}{\sin i}\frac{\partial F_{nmp}(i)}{\partial i}/\dot{\psi}_{nmp0}\right\}$$

$$i_{n,m,p} = \left(\frac{R_e}{a}\right)^n \frac{F_{nmp}(i)}{\sin i} \frac{(n-2p)\cos i - m}{\dot{\psi}_{nmp0}}$$

$$\Omega_{n,m,p} = \left(\frac{R_e}{a}\right)^n \frac{1}{\sin i} \frac{\partial F_{nmp}(i)}{\partial i}/\dot{\psi}_{nmp0}$$

$$G_{n,m,p} = (n-2p)\left(\frac{R_e}{a}\right)^n GF_{nmp}(i)/\dot{\psi}_{nmp0}$$

$$\dot{r}_{nmp} = -\left(\frac{R_e}{a}\right)^n n_0 aF_{nmp}(i) \frac{\dot{\psi}_{nmp0}}{\dot{\psi}_{nmp0}-1}\left(n+1-\frac{2n-4p}{\dot{\psi}_{nmp0}}\right)$$

$$\dot{\psi}_{nmp0} = n - 2p + [(n-2p)\dot{\omega} + m(\dot{\Omega} - \dot{\theta})]\frac{G^3}{\mu^2}$$

$F_{nmp}(i)$ 是倾角函数。

附录C　矩阵 A 的元素

A 为 3×10 的矩阵

$$\mathbf{A}=\frac{\partial \boldsymbol{r}}{\partial \boldsymbol{\sigma}}$$

式中，$\boldsymbol{r}$ 是卫星位置向量；$\boldsymbol{\sigma}$ 是由 10 个待拟合的参数所构成的向量，分别是

$$a_0, i_0, \xi_0, \eta_0, \Omega_0, \dot{\Omega}, \lambda_0, \dot{\lambda}, \ddot{\lambda}, e_b$$

记

$$\mathbf{A}=(a_{ij})$$

则

$$a_{11}=\cos\Omega\cos u-\sin\Omega\cos i\sin u,\ a_{12}=a\sin\Omega\sin i\sin u$$

$$a_{21}=\sin\Omega\cos u+\cos\Omega\cos i\sin u,\ a_{22}=-a\cos\Omega\sin i\sin u$$

$$a_{31}=\sin i\sin u,\qquad a_{32}=a\cos i\sin u$$

$$a_{13}=b_{13}C_0+b_{14}S_0,\ a_{14}=-b_{13}S_0+b_{14}C_0,\ a_{15}=-aa_{21}$$

$$a_{23}=b_{23}C_0+b_{24}S_0,\ a_{24}=-b_{23}S_0+b_{24}C_0,\ a_{25}=aa_{11}$$

$$a_{33}=b_{33}C_0+b_{34}S_0,\ a_{34}=-b_{33}S_0+b_{34}C_0,\ a_{35}=0$$

$$a_{16}=a_{15}T,\ a_{17}=-a(\cos\Omega\sin u+\sin\Omega\cos i\cos u),\ a_{18}=a_{17}T$$

$$a_{26}=a_{25}T,\ a_{27}=a(\cos\Omega\cos i\cos u-\sin\Omega\sin u),\quad a_{28}=a_{27}T$$

$$a_{36}=a_{35}T,\ a_{37}=a\sin i\cos u,\qquad a_{38}=a_{37}T$$

$$a_{19}=a_{18}T,\ a_{1,10}=b_{14}$$

$$a_{29}=a_{28}T,\ a_{2,10}=b_{24}$$

$$a_{39}=a_{29}T,\ a_{3,10}=b_{34}$$

$$b_{13} = -a[(1+\sin^2 u)\cos\Omega + \sin\Omega\cos i\sin u\cos u]$$

$$b_{23} = a[\cos\Omega\cos i\sin u\cos u - (1+\sin^2 u)\sin\Omega]$$

$$b_{33} = a\sin i\sin u\cos u$$

$$b_{14} = a[\cos\Omega\sin u\cos u + (1+\cos^2 u)\sin\Omega\cos i]$$

$$b_{24} = a[\sin\Omega\sin u\cos u - (1+\cos^2 u)\cos\Omega\cos i]$$

$$b_{34} = -a(1+\cos^2 u)\sin i$$

$$C_0 = \cos(\dot{\omega}T), S_0 = \sin(\dot{\omega}T), \dot{\omega} = -0.75J_2\left(\frac{R_e}{a}\right)^2 n_0(1-5\cos^2 i)$$

附录 D　地球及太阳引力加速度

1　地球引力加速度

$$\frac{\partial U}{\partial x}=-\frac{\mu x}{r^3}(1+c)+\frac{\mu s y}{r^3}$$

$$\frac{\partial U}{\partial y}=-\frac{\mu y}{r^3}(1+c)-\frac{\mu s x}{r^3}$$

$$\frac{\partial U}{\partial z}=-\frac{\mu z}{r^3}(1+c)+\frac{\mu D}{r^2}$$

其中

$$c=\sum_{n=2}^{20}J_n\left(\frac{R_e}{r}\right)^n\left[(n+1)P_n\left(\frac{z}{r}\right)+P'_n\left(\frac{z}{r}\right)\frac{z}{r}\right]+$$

$$\sum_{n=2}^{20}\sum_{m=1}^{n}\left(\frac{R_e}{r}\right)^n\left[(n+1)P_{nm}\left(\frac{z}{r}\right)+P'_{nm}\left(\frac{z}{r}\right)\frac{z}{r}\right](C_{nm}\cos m\lambda+S_{nm}\sin m\lambda)$$

$$s=\sum_{n=2}^{20}\sum_{m=1}^{n}\left(\frac{R_e}{r}\right)^n mP_{nm}\left(\frac{z}{r}\right)\frac{r^2}{x^2+y^2}(C_{nm}\sin m\lambda-S_{nm}\cos m\lambda)$$

$$D=\sum_{n=2}^{20}J_n\left(\frac{R_e}{r}\right)^n P'_n\left(\frac{z}{r}\right)+$$

$$\sum_{n=2}^{20}\sum_{m=1}^{n}\left(\frac{R_e}{r}\right)^n P'_{nm}\left(\frac{z}{r}\right)(C_{nm}\cos m\lambda+S_{nm}\sin m\lambda)$$

$$\lambda=\alpha-\theta,\cos\alpha=\frac{x}{\sqrt{x^2+y^2}},\sin\alpha=\frac{y}{\sqrt{x^2+y^2}}$$

2　太阳引力加速度

$$\frac{\partial R_s}{\partial x}=\frac{GM_s}{r_s^3}\left[2xP_2(\cos\psi)+rP_2'(\cos\psi)\frac{x_s}{r_s}\left(1-\frac{x^2}{r^2}\right)\right]$$

$$\frac{\partial R_s}{\partial y}=\frac{GM_s}{r_s^3}\left[2yP_2(\cos\psi)+rP_2'(\cos\psi)\frac{y_s}{r_s}\left(1-\frac{y^2}{r^2}\right)\right]$$

$$\frac{\partial R_s}{\partial z}=\frac{GM_s}{r_s^3}\left[2zP_2(\cos\psi)+rP_2'(\cos\psi)\frac{z_s}{r_s}\left(1-\frac{z^2}{r^2}\right)\right]$$

其中，$\frac{GM_s}{r_s^3}=n_s$，是地球公转的角速度。

$$x_s=r_s\cos u_s$$

$$y_s=r_s\sin u_s\cos\varepsilon$$

$$z_s=r_s\sin u_s\sin\varepsilon$$

式中　u_s ——太阳纬度角；

ε ——黄赤夹角。

$$\cos\psi=(xx_s+yy_s+zz_s)/(rr_s)$$

第 7 章　相对运动与编队飞行

7.1　概述

卫星相对运动的研究有着较为广泛的应用，例如空间站的交会对接，卫星与运载火箭分离后以及一箭多星发射多个飞行体之间的位置关系分析等。关于卫星编队飞行的研究，它的理论基础是卫星相对运动理论。

7.2　相对运动的 Hill 方程及其解

设两个飞行器的地心矢量分别为 $\boldsymbol{r}_1$，$\boldsymbol{r}_2$（见图 7-1），称第一个飞行器为目标飞行器，第二个飞行器为受控飞行器，假定目标飞行器在某个无摄动的近圆轨道上运行，它的运动方程为

$$\ddot{\boldsymbol{r}}_1 = -\frac{\mu \boldsymbol{r}_1}{r_1^3} \tag{7-1}$$

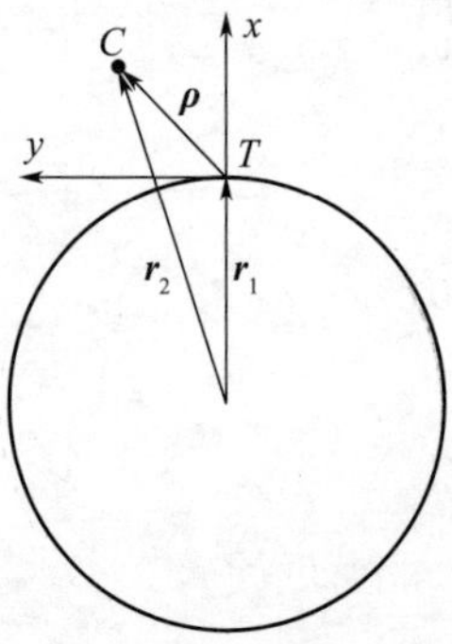

图 7-1　相对运动示意图

受控飞行器在目标飞行器附近的一个近圆轨道上运动，且受到摄动加速度 $\boldsymbol{f}$ 的作用，其运动方程为

$$\ddot{\boldsymbol{r}}_2 = -\frac{\mu \boldsymbol{r}_2}{r_2^3} + \boldsymbol{f} \tag{7-2}$$

记

$$\boldsymbol{\rho} = \boldsymbol{r}_2 - \boldsymbol{r}_1$$

则

$$\ddot{\boldsymbol{\rho}} = \frac{\mu}{r_1^3}\left(\boldsymbol{r}_1 - \frac{r_1^3}{r_2^3}\boldsymbol{r}_2\right) + \boldsymbol{f} \tag{7-3}$$

$$\frac{\boldsymbol{r}_2}{r_2^3} = \frac{\boldsymbol{r}_1 + \boldsymbol{\rho}}{(r_1^2 + 2\boldsymbol{r}_1 \cdot \boldsymbol{\rho} + \rho^2)^{\frac{3}{2}}} = \frac{\boldsymbol{r}_1 + \boldsymbol{\rho}}{r_1^3}\left[1 - \frac{3}{2}\left(\frac{2\boldsymbol{r}_1 \cdot \boldsymbol{\rho}}{r_1^2}\right)\right] + O(\rho^2) \tag{7-4}$$

故得

$$\ddot{\boldsymbol{\rho}} = \frac{\mu}{r_1^3}\left[-\boldsymbol{\rho} + 3\left(\frac{\boldsymbol{r}_1}{r_1} \cdot \boldsymbol{\rho}\right)\frac{\boldsymbol{r}_1}{r_1}\right] + \boldsymbol{f} + O(\rho^2) \tag{7-5}$$

定义一个目标飞行器的轨道坐标系，原点取在目标飞行器上，x 轴沿其径向，y 轴在轨道面内垂直于径向并指向运动方向，z 轴与其构成右手系。在这个旋转坐标系中

$$\ddot{\boldsymbol{\rho}} = \ddot{\boldsymbol{\rho}}_b + 2\boldsymbol{\omega} \times \dot{\boldsymbol{\rho}}_b + \boldsymbol{\omega} \times (\boldsymbol{\omega} \times \boldsymbol{\rho}) + \dot{\boldsymbol{\omega}} \times \boldsymbol{\rho} \tag{7-6}$$

式中，$\boldsymbol{\omega}$ 是目标飞行器的轨道坐标系的角速度向量，其大小为 $\dot{\theta}$（$\dot{\theta} \approx n$），n 是目标飞行器的轨道角速度，$\dot{\boldsymbol{\omega}} \times \boldsymbol{\rho} \approx 0$ 可以忽略。因

$$\frac{\mu}{r_1^3} \approx n^2,\ \left(\frac{\boldsymbol{r}_1}{r_1} \cdot \boldsymbol{\rho}\right)\frac{\boldsymbol{r}_1}{r_1} = \begin{bmatrix} x \\ 0 \\ 0 \end{bmatrix},\ \boldsymbol{f} = \begin{bmatrix} f_x \\ f_y \\ f_z \end{bmatrix} \tag{7-7}$$

$$\boldsymbol{\rho} = \begin{bmatrix} x \\ y \\ z \end{bmatrix},\ \dot{\boldsymbol{\rho}}_b = \begin{bmatrix} \dot{x} \\ \dot{y} \\ \dot{z} \end{bmatrix},\ \ddot{\boldsymbol{\rho}}_b = \begin{bmatrix} \ddot{x} \\ \ddot{y} \\ \ddot{z} \end{bmatrix},\ \boldsymbol{\omega} = \begin{bmatrix} 0 \\ 0 \\ n \end{bmatrix} \tag{7-8}$$

故

$$\boldsymbol{\omega} \times \dot{\boldsymbol{\rho}}_b = \begin{bmatrix} -n\dot{y} \\ n\dot{x} \\ 0 \end{bmatrix},\ \boldsymbol{\omega} \times (\boldsymbol{\omega} \times \boldsymbol{\rho}) = \begin{bmatrix} -n^2 x \\ -n^2 y \\ 0 \end{bmatrix} \tag{7-9}$$

最后得到

$$\left.\begin{aligned} &\ddot{x} - 2n\dot{y} - 3n^2 x = f_x \\ &\ddot{y} + 2n\dot{x} = f_y \\ &\ddot{z} + n^2 z = f_z \end{aligned}\right\} \tag{7-10}$$

上述方程是著名的 Hill 方程。当摄动加速度为零时方程有精确的解析解，这也是它能广泛应用的原因之一。这个解为

$$\left.\begin{aligned} &x(t) = \frac{\dot{x}_0}{n}\sin nt - \left(\frac{2\dot{y}_0}{n} + 3x_0\right)\cos nt + \left(\frac{2\dot{y}_0}{n} + 4x_0\right) \\ &y(t) = \frac{2\dot{x}_0}{n}\cos nt + \left(\frac{4\dot{y}_0}{n} + 6x_0\right)\sin nt + \left(y_0 - \frac{2\dot{x}_0}{n}\right) - (3\dot{y}_0 + 6nx_0)\,t \\ &z(t) = z_0\cos nt + \frac{\dot{z}_0}{n}\sin nt \end{aligned}\right\} \tag{7-11}$$

$$\left.\begin{aligned} &\dot{x}(t) = \dot{x}_0\cos nt + (2\dot{y}_0 + 3nx_0)\sin nt \\ &\dot{y}(t) = -2\dot{x}_0\sin nt + (4\dot{y}_0 + 6nx_0)\cos nt - (3\dot{y}_0 + 6nx_0) \\ &\dot{z}(t) = \dot{z}_0\cos nt - z_0 n\sin nt \end{aligned}\right\} \tag{7-12}$$

上述两式中带有下标零的量是位置和速度的初值。从这个解析解可以看出，受控飞行器相对于目标飞行器的运动可以分解为参考平面内的运动和平面外的运动两部分，两者是不耦合的。这个解是精确的解析解，但 Hill 方程本身是近似的，它是对非线性的相对运动做了线性近似后得到的，在具体应用时必须对这种模型误差给予充分的注意。

在相对运动的 Hill 方程推导过程中，假定目标飞行器是在无摄动的近圆轨道上运动并以圆轨道角速度作为坐标系的旋转角速度，如果目标飞行器的轨道偏心率稍大一些，应用时就会产生较大的误

差。实际上可以把相对运动看成一个在近圆轨道上运动的飞行器相对于这个虚拟的飞行器在一个理想的圆轨道上做无摄动的运动，相对运动这一套方法实质上是在一个匀角速旋转的坐标系中描述卫星运动的方法。因此在研究两颗实体卫星的相对运动时，可以通过将其视为相对一个按理想的圆轨道运动的、虚拟的目标飞行器的运动的办法来处理。

7.3 基于轨道摄动解的研究方法

由于已经有了单颗卫星运动的精确的解析解，而两颗卫星的相对运动就是它们的空间位置差的变化，因为两者的距离很近，这种差可以通过相对于两条轨道的平根数之差的线性化精确地求出。

卫星的位置向量 $\boldsymbol{r}$ 可以表示为瞬时轨道根数 a , e , i , ω , Ω , M 的函数

$$\boldsymbol{r}=\boldsymbol{r}(a,e,i,\omega,\Omega,M) \tag{7-13}$$

而瞬时轨道根数又可以通过平根数来表示

$$\left.\begin{aligned} a &= \bar{a}+\delta a \\ e &= \bar{e}+\delta e \\ i &= \bar{i}+\delta i \\ \omega &= \bar{\omega}+\delta\omega \\ \Omega &= \bar{\Omega}+\delta\Omega \\ M &= \bar{M}+\delta M \end{aligned}\right\}$$

式中，δa ，δe ，a ，… 是所有的周期摄动部分。

于是两颗卫星的相对位置可以表示为

$$\Delta \boldsymbol{r} = \left(\frac{\partial \boldsymbol{r}}{\partial a}, \frac{\partial \boldsymbol{r}}{\partial e}, \frac{\partial \boldsymbol{r}}{\partial i}, \frac{\partial \boldsymbol{r}}{\partial \omega}, \frac{\partial \boldsymbol{r}}{\partial \Omega}, \frac{\partial \boldsymbol{r}}{\partial M}\right) \begin{bmatrix} \Delta a \\ \Delta e \\ \Delta i \\ \Delta \omega \\ \Delta \Omega \\ \Delta M \end{bmatrix}$$

$$= \left(\frac{\partial \boldsymbol{r}}{\partial \bar{a}}, \frac{\partial \boldsymbol{r}}{\partial \bar{e}}, \frac{\partial \boldsymbol{r}}{\partial \bar{i}}, \frac{\partial \boldsymbol{r}}{\partial \bar{\omega}}, \frac{\partial \boldsymbol{r}}{\partial \bar{\Omega}}, \frac{\partial \boldsymbol{r}}{\partial \bar{M}}\right) \begin{bmatrix} \Delta \bar{a} \\ \Delta \bar{e} \\ \Delta \bar{i} \\ \Delta \bar{\omega} \\ \Delta \bar{\Omega} \\ \Delta \bar{M} \end{bmatrix} + O(J_2 \Delta \boldsymbol{r})$$

在地心赤道惯性坐标系 ECI 中卫星的位置可以表示为

$$\begin{bmatrix} X \\ Y \\ Z \end{bmatrix} = R_3(-\Omega) R_1(-i) R_3(-u) \begin{bmatrix} r \\ 0 \\ 0 \end{bmatrix}$$

其中

$$u = \omega + f$$

$$r = \frac{a(1-e^2)}{1+e\cos f} \tag{7-14}$$

$$R_3(-\Omega) = \begin{bmatrix} \cos\Omega & -\sin\Omega & 0 \\ \sin\Omega & \cos\Omega & 0 \\ 0 & 0 & 1 \end{bmatrix} \tag{7-15}$$

$$R_1(-i) = \begin{bmatrix} 1 & 0 & 0 \\ 0 & \cos i & -\sin i \\ 0 & \sin i & \cos i \end{bmatrix} \tag{7-16}$$

$$R_3(-u) = \begin{bmatrix} \cos u & -\sin u & 0 \\ \sin u & \cos u & 0 \\ 0 & 0 & 1 \end{bmatrix} \tag{7-17}$$

于是

$$\begin{bmatrix}\Delta X\\ \Delta Y\\ \Delta Z\end{bmatrix}=\left[\frac{\partial R_3(-\Omega)}{\partial\Omega}R_1(-i)R_3(-u)\Delta\Omega+\right.$$
$$R_3(-\Omega)\frac{\partial R_1(-i)}{\partial i}R_3(-u)\Delta i+$$
$$\left.R_3(-\Omega)R_1(-i)\frac{\partial R_3(-u)}{\partial u}\Delta u\right]\begin{bmatrix}r\\ 0\\ 0\end{bmatrix}+$$
$$R_3(-\Omega)R_1(-i)R_3(-u)\begin{bmatrix}\Delta r\\ 0\\ 0\end{bmatrix}\tag{7-18}$$

将两星的相对位置在轨道坐标系中表示，则有

$$\begin{bmatrix}\Delta x\\ \Delta y\\ \Delta z\end{bmatrix}=R_3(u)R_1(i)R_3(\Omega)\begin{bmatrix}\Delta X\\ \Delta Y\\ \Delta Z\end{bmatrix}\tag{7-19}$$
$$=\begin{bmatrix}\Delta r\\ r(\Delta u+\cos i\,\Delta\Omega)\\ r(\Delta i\sin u-\sin i\,\Delta\Omega\cos u)\end{bmatrix}$$

进一步将相对位置差表示成轨道平根数的差，即

$$\Delta x=\Delta r=\frac{r}{p}\Delta p-\frac{r^2}{p}(\Delta e\cos f-e\Delta f\sin f)$$
$$p=a(1-e^2)\tag{7-20}$$
$$\Delta p=\Delta a(1-e^2)-2ae\Delta e\tag{7-21}$$

Δf 的表达式为

$$\Delta f=\frac{\partial f}{\partial M}\Delta M+\frac{\partial f}{\partial e}\Delta e\tag{7-22}$$

其中

$$\frac{\partial f}{\partial M}=\frac{\sqrt{\mu p}}{nr^{2}}=1+eE(e,f) \tag{7-23}$$

$$E(e,f)=\frac{7e-6e^{3}+2e^{5}+e\left(1-e^{2}\right)^{\frac{3}{2}}}{2\left(1-e^{2}\right)^{\frac{3}{2}}\left[1+\left(1-e^{2}\right)^{\frac{3}{2}}\right]}+\frac{\left(4\cos f+e\cos 2f\right)}{2\left(1-e^{2}\right)^{\frac{3}{2}}} \tag{7-24}$$

$$\frac{\partial f}{\partial e}=\frac{\sin f}{1-e^{2}}\left(1+\frac{p}{r}\right) \tag{7-25}$$

式中，n 是平均运动。

于是得

$$\Delta f=\left[1+eE(e,f)\right]\Delta M+\frac{\sin f}{1-e^{2}}\left(1+\frac{p}{r}\right)\Delta e \tag{7-26}$$

最后得到

$$\frac{\Delta x}{r}=\frac{\Delta p}{p}-\frac{r}{p}\sqrt{(\Delta e)^{2}+(e\Delta f)^{2}}\cos(f+\psi) \tag{7-27}$$

辅助角变量 ψ 由下式求得

$$\left.\begin{aligned}\cos\psi&=\frac{\Delta e}{\sqrt{(\Delta e)^{2}+(e\Delta f)^{2}}}\\ \sin\psi&=\frac{e\Delta f}{\sqrt{(\Delta e)^{2}+(e\Delta f)^{2}}}\end{aligned}\right\} \tag{7-28}$$

Δy，Δz 分别为

$$\frac{\Delta y}{r}=\Delta\omega+\cos i\,\Delta\Omega+\left[1+eE(e,f)\right]\Delta M+\frac{\Delta e}{1-e^{2}}\left(1+\frac{p}{r}\right)\sin f \tag{7-29}$$

$$\frac{\Delta z}{r}=\sqrt{\Delta i^{2}+(\sin i\,\Delta\Omega)^{2}}\sin(f+\omega+\theta) \tag{7-30}$$

$$\left.\begin{aligned}\cos\theta&=\frac{\Delta i}{\sqrt{\Delta i^{2}+(\sin i\,\Delta\Omega)^{2}}}\\ \sin\theta&=-\frac{\sin i\,\Delta\Omega}{\sqrt{\Delta i^{2}+(\sin i\,\Delta\Omega)^{2}}}\end{aligned}\right\} \tag{7-31}$$

上述相对位置的表达式可以适用于任意的椭圆轨道，但对于大

部分所提出的卫星编队飞行的任务都是采用小偏心率的近圆轨道，因此卫星位置的解析解的表达式中偏心率 e 的二阶以上的项都可以略去，于是得到下述非常简单的表达式

$$\Delta x = \Delta a - a\Delta e\cos f \tag{7-32}$$

$$\Delta y = a\Delta(\omega + M) + \cos i\Delta\Omega + 2a\Delta e\sin f \tag{7-33}$$

$$\Delta z = a\varepsilon\sin(f + \omega + \theta) \tag{7-34}$$

其中

$$\varepsilon = \sqrt{\Delta i^2 + (\sin i\Delta\Omega)^2} \tag{7-35}$$

另一个辅助角变量 θ 由下式确定

$$\left.\begin{aligned}\cos\theta &= \frac{\Delta i}{\varepsilon} \\ \sin\theta &= -\frac{\sin i\Delta\Omega}{\varepsilon}\end{aligned}\right\} \tag{7-36}$$

在实际应用中，采用在理想的圆轨道上运行的虚拟卫星作为参考目标卫星，因此需要采用偏心率向量 $(e\cos\omega,\ e\sin\omega)^{\mathrm{T}}$ 来替换 e，ω，于是有

$$\begin{aligned}\Delta e\cos f &= \Delta e\cos u\cos\omega - \Delta e\sin u\sin\omega \\ &= \Delta(e\cos\omega)\cos u - \Delta(e\sin\omega)\sin u\end{aligned} \tag{7-37}$$

$$\begin{aligned}\Delta e\sin f &= \Delta e\sin u\cos\omega + \Delta e\cos u\sin\omega \\ &= \Delta(e\cos\omega)\sin u + \Delta(e\sin\omega)\cos u\end{aligned} \tag{7-38}$$

则式（7-32），式（7-33）和式（7-34）变成

$$\Delta x = \Delta a - a[\Delta(e\cos\omega)\cos u - \Delta(e\sin\omega)\sin u] \tag{7-39}$$

$$\Delta y = a\Delta(\omega + M) + \cos i\Delta\Omega + 2a[\Delta(e\cos\omega)\sin u + \Delta(e\sin\omega)\cos u] \tag{7-40}$$

$$\Delta z = a\varepsilon\sin(u + \theta) \tag{7-41}$$

若选择圆轨道作为参考目标轨道，则有

$$\Delta x = \Delta a - a_c e\cos(u_c - \omega) \tag{7-42}$$

$$\Delta y = a_c[\Delta(\omega + M) + \cos i_c\Delta\Omega] + 2a_c e\sin(u_c - \omega) \tag{7-43}$$

$$\Delta z = a_c\varepsilon\sin(u_c + \theta) \tag{7-44}$$

其中

$$\Delta(\omega + M) = \omega + M - u_c \tag{7-45}$$

式中，a_c，i_c，u_c 为目标圆轨道的相应的参数。

7.4 卫星编队飞行

比较有应用价值的三类编队飞行是同轨迹飞行、同轨道面内飞行和沿同一椭圆形地面轨迹的飞行。

7.4.1 同轨迹飞行

同轨迹飞行的特征是相邻两卫星在一个较短的时间内相继通过同一地区的上空（见图 7-2），例如 EO-1 与 Landsat-7 的编队飞行。同轨迹飞行的轨道设计比较简单，两轨道除升交点赤经 Ω，纬度幅角 u 外都应相同。若时间间隔为 Δt，则由卫星运动的角速度 n 可计算出两卫星应有的角距 Δu，考虑到地球自转的角速度 ω_e 便可计算出两轨道面应有的间距 $\Delta\Omega$，即

$$\Delta\Omega = \frac{\omega_e}{n}\Delta u \text{ , } \Delta u = n\Delta t \tag{7-46}$$

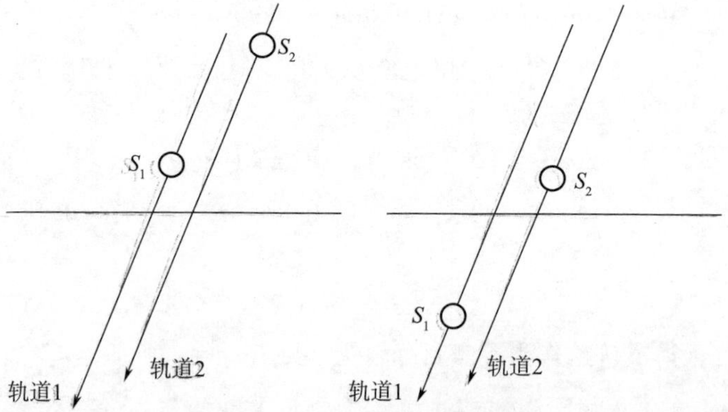

图 7-2 同轨迹飞行示意图

7.4.2　同轨道面内飞行

同轨道面内飞行和椭圆轨迹的编队飞行都需要用到相对运动的研究结果。上节中的式（7－42），式（7－43）和式（7－44）可以改写为

$$\left.\begin{aligned}\Delta x &= \Delta\bar{x} - a_c e\cos(n_c t - \omega)\\ \Delta y &= \Delta\bar{y} + 2a_c e\sin(n_c t - \omega)\\ \Delta z &= a_c \varepsilon\sin(n_c t - \theta)\end{aligned}\right\} \tag{7-47}$$

$$\varepsilon = \sqrt{\Delta i^2 + (\sin i\Delta\Omega)^2}$$

$$\left.\begin{aligned}\Delta\bar{x} &= \Delta a\\ \Delta\bar{y} &= -\frac{3}{2}\Delta a n_c t + a_c\left[\Delta(M_0 + \omega_0) + \cos i_c\Delta\Omega_0\right]\end{aligned}\right\} \tag{7-48}$$

$$\Delta\Omega = \Delta\Omega_0 + \frac{3}{2}J_2\left(\frac{R_e}{a}\right)^2 n_c\sin i_c\Delta i t \tag{7-49}$$

$$\omega = \omega_0 - \frac{3}{4}J_2\left(\frac{R_e}{a}\right)^2 n_c(1 - 5\cos^2 i_c)t \tag{7-50}$$

对于同轨道面内飞行，应有 $\Delta z = 0$，运动方程变为

$$\begin{cases}\Delta x = \Delta\bar{x} - a_c e\cos(n_c t - \omega)\\ \Delta y = \Delta\bar{y} + 2a_c e\sin(n_c t - \omega)\end{cases} \tag{7-51}$$

运动轨迹是以 $(\Delta\bar{x}, \Delta\bar{y})$ 为中心的椭圆，长轴是短轴的两倍。如果 $\Delta a \neq 0$，椭圆中心将逐渐远离虚拟卫星。

对于同轨道面内的飞行，可以把其中一颗星的轨道面取作虚拟卫星的轨道面，半长轴取作虚拟卫星的半长轴。两卫星的相对运动如图 7－3 所示。

7.4.3　椭圆轨迹的编队飞行

若干颗星在相同的椭圆轨迹上均匀分布的编队有很大的实用价值。若 m 颗星的轨迹

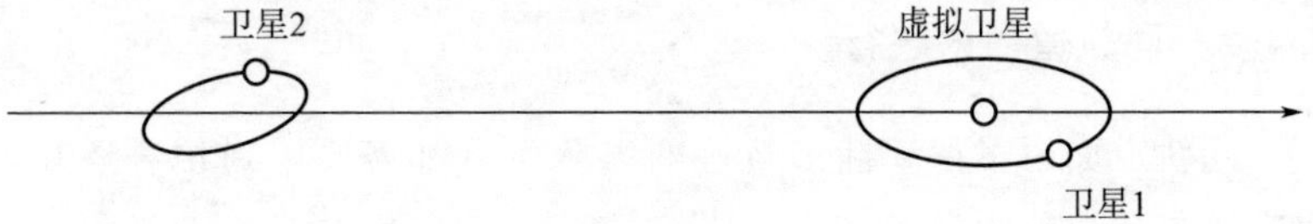

图 7－3　两星共面相对运动

$$\begin{aligned}&\Delta y_j-\Delta\bar{y}_j=2a_c e_j\sin[u_c+\theta_j-(\theta_j+\omega_j)]\\&\Delta z_j=a_c\varepsilon_j\sin(u_c+\theta_j)\end{aligned}\tag{7-52}$$

满足：$\theta_j+\omega_j$ 为常数且不等于 0 或 $\pm\pi$，则轨迹是移动的椭圆。不难证明，当且仅当 $\varepsilon_j=2e_j=2e$ 及 $\theta_j+\omega_j=\pm\frac{\pi}{2}$ 时，轨迹为同一圆形。若要使 m 颗星在同一圆轨迹上均匀分布，应取 $\theta_j=\theta_0+\frac{2\pi(j-1)}{m}$。于是圆轨迹方程变为

$$\Delta y_j=\mp 2a_c e\cos(u_c+\theta_j),\ \Delta z_j=2a_c e\sin(u_c+\theta_j)\tag{7-53}$$

对于这种编队飞行，各轨道的倾角及升交点赤经相对于虚拟卫星轨道的初始偏置应为

$$\Delta i_j=2e\cos\theta_j,\ \Delta\Omega_{j0}=-\frac{2e\sin\theta_j}{\sin\bar{i}_c},\ \omega_{j0}=\pm\frac{\pi}{2}-\theta_j\tag{7-54}$$

由于倾角不同，摄动影响将使轨道面的间距逐渐变化，最后导致飞行队形的恶化。近地点幅角 ω 的长期摄动也会使圆变为椭圆。

7.4.4　摄动引起的队形演变及控制

在轨道设计时应选择某颗星与虚拟卫星的轨道共面或倾角相同，使得所有轨道倾角偏置的最大值最小，为此只需取 $\theta_0=\frac{\pi}{2}$。

以我国资源一号卫星轨道为例，给出由三颗卫星组成圆轨迹编队飞行的轨道选择及其变化，圆的半径取 10 km。资源一号标称轨道平根数是 $a_c=7\ 148.865$ km，$e_c=0$，$i_c=98.504\ 35°$，以其作为虚拟卫星轨道，三条轨道的相关参数应为

$$e=0.000\ 7,\ \theta_1=90°,\ \theta_2=210°,\ \theta_3=330°$$

$$\Delta i_1 = 0, \ \Delta i_2 = -0.07^\circ, \Delta i_3 = 0.07^\circ$$

$$\Delta\Omega_1 = -0.082^\circ, \ \Delta\Omega_2 = 0.041^\circ, \ \Delta\Omega_3 = 0.041^\circ$$

升交点赤经和近地点幅角的变化率为

$$\Delta\dot{\Omega}_1 = 0, \quad \Delta\dot{\Omega}_2 = -0.008\,05(^\circ)/\text{天}, \quad \Delta\dot{\Omega}_3 = 0.008\,05(^\circ)/\text{天},$$

$$\dot{\omega} = 2.973(^\circ)/\text{天}$$

轨道控制包括队形初始化及队形保持两项任务。队形保持的轨道控制应该间断进行，调整的频率主要取决于对队形变化的限制。调整升交点赤经需提供法向速度增量，平均每天 1.04 m/s；调整近地点幅角需用横向速度增量，平均每天 0.14 m/s。

第 8 章　轨道覆盖与星座设计

8.1　概述

从人类刚进入空间时代开始，国际上就有人着手对由多颗卫星组成的星座进行研究，其动因很简单，虽然单颗卫星也可以完成很多任务，起很大的作用，但由于单星对地面覆盖的局限性，很多应用系统必须由多颗卫星所组成的星座才能实现，一个最明显的例子就是卫星导航系统。随着航天技术的发展，卫星的应用越来越广泛，更多的卫星应用系统要采用星座才能发挥作用，例如地球资源遥感卫星系统（包括军事侦察）、环境监测系统以及近年来国际上迅速发展的中低轨道的移动卫星通信系统。需求是技术发展的驱动力，这是其中一方面；另一方面由于小型化甚至微型化技术的发展，特别是小卫星研制的快速发展，使得卫星研制和生产的成本大大降低，卫星重量大大减轻，使得具有同样运载能力的火箭可以一次发射多颗卫星。因此组成一个卫星星座已经不是一件很困难的事了。

由卫星星座构成的应用系统是一个很复杂的大系统，它的设计特别是优化问题是一个很复杂的问题，必须考虑多方面的因素。其中一个最基本也是最重要的问题是星座设计问题，虽然星座设计方案的最终选择还必须从整个大系统的可行及优化考虑，但星座设计本身仍然是一个独立的研究课题。

星座的设计要满足系统的诸多方面的要求，但主要的还是对地的覆盖性能最佳，即在满足一定的覆盖要求的条件下，选择一种卫星的轨道配置，使得所需的卫星最少。当然，所需卫星的个数是与轨道高度密切相关的，轨道越高所需卫星数越少，因此仅从覆盖的角度考虑，最佳的方案不是唯一的，最后的选择还需综合考虑大系统来决断。因此在星座覆盖性能的分析中，可以先不关心轨道的高度而只考虑单星对地覆盖范围。

星座的覆盖性能分析是一个既简单又复杂的问题，简单是因为它所涉及的轨道理论很简单，单星覆盖的范围可以看作是球面上的一个圆，这不复杂，但要把这些简单的位置不断变化的圆有效地组织起来，使它们的总的覆盖面积尽可能达到最大，却不是一个简单的问题，主要的困难是还未找到一种有效的分析理论和方法来处理这个问题。也正是部分地由于这个困难，星座设计方面的研究工作绝大部分集中于同倾角同高度的圆轨道所组成的星座。

采用同倾角同高度的圆轨道来组成星座更主要的原因是，这样的轨道的摄动变化是相同的，有利于保持星座的稳定性，保持星座内部的卫星之间的相对关系基本恒定。因此从 20 世纪 60 年代开始所做的大量的研究工作，绝大部分都假定星座是由同倾角同高度的圆轨道卫星组成的。

8.2　轨道覆盖分析

仅从覆盖性能来考虑，可以先不关心卫星的高度，而只关心单颗卫星对地面的覆盖范围。如图 8-1 所示，S 为卫星的位置，E 为观测仰角，α 为卫星对地面视场角的一半，θ 为覆盖范围的半径，R 为地球半径，h 为卫星高度。

这几个参数之间存在简单的几何关系，即

$$\begin{aligned}
&\tan E = \cot\theta - \frac{R}{(R+h)\sin\theta} \\
&\theta = \arcsin\left(\frac{h+R}{R}\sin\alpha\right) - \alpha \\
&\alpha = \arcsin\left(\frac{R}{R+h}\cos E\right) \\
&\alpha + E + \theta = \frac{\pi}{2}
\end{aligned} \tag{8-1}$$

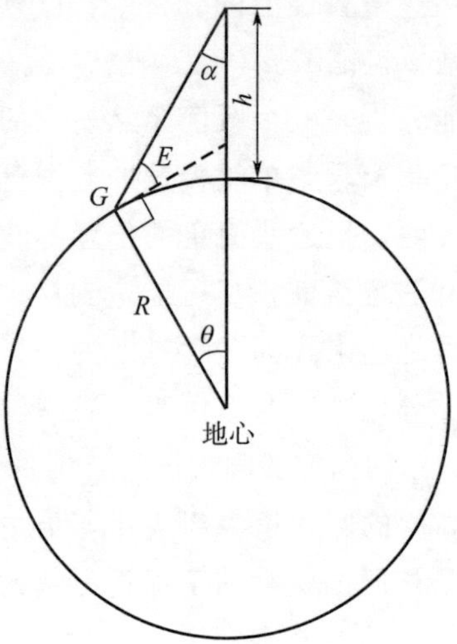

图 8-1　卫星覆盖的几何关系

取 $R=6\ 378$ km，表 8-1 列出了几种不同高度卫星的这些参数的具体数值。

若单颗卫星对地面覆盖半径为 θ，那么这一覆盖范围占全球面积的比例为

$$r=\frac{1-\cos\theta}{2} \tag{8-2}$$

覆盖半径 θ 与卫星高度和观测仰角都有关系，即

$$\theta=\arccos\left(\frac{R}{R+h}\cos^2 E+\sin E\sqrt{1-\left(\frac{R}{R+h}\right)^2\cos^2 E}\right) \tag{8-3}$$

表 8-1 所列数据是根据式（8-1）和式（8-2）计算出来的不同高度不同仰角情况单颗卫星地面覆盖范围占全球面积的百分比。

表 8-1　不同高度不同仰角情况单颗卫星地面覆盖范围占全球面积的百分比

高度/km	E /(°)	10	15	20	25	30	35
1 000	α/(°)	58.4	56.6	54.3	51.6	48.5	45.1
	θ/(°)	21.6	18.4	15.7	13.4	11.5	9.9
	r/(%)	3.53	2.55	1.86	1.37	1.01	0.75
5 000	α/(°)	33.5	32.8	31.8	30.5	29.0	27.3
	θ/(°)	46.5	42.2	38.2	34.5	31.0	27.7
	r/(%)	15.58	12.97	10.71	8.78	7.12	5.72
8 034	α/(°)	25.8	25.3	24.6	23.6	22.5	21.3
	θ/(°)	54.2	49.7	45.4	41.4	37.5	33.7
	r/(%)	20.73	17.66	14.91	12.47	10.31	8.42
10 000	α/(°)	22.6	22.1	21.5	20.7	19.7	18.6
	θ/(°)	57.4	52.9	48.5	44.3	40.3	36.4
	r/(%)	23.10	19.84	16.89	14.24	11.86	9.75
10 350	α/(°)	22.1	21.6	21.0	20.2	19.3	18.2
	θ/(°)	57.9	53.4	49.0	44.8	40.7	36.8
	r/(%)	23.46	20.18	17.20	14.51	12.10	9.96
15 000	α/(°)	17.1	16.7	16.3	15.7	15.0	14.1
	θ/(°)	62.9	58.3	53.7	49.3	45.0	40.9
	r/(%)	27.23	23.69	20.41	17.40	14.66	12.18
20 000	α/(°)	13.8	13.5	13.1	12.7	12.1	11.4
	θ/(°)	66.2	61.5	56.9	52.3	47.9	43.6
	r/(%)	29.84	26.14	22.67	19.45	16.49	13.78
25 000	α/(°)	11.5	11.3	11.0	10.6	10.1	9.6
	θ/(°)	68.5	63.7	59.0	54.4	49.9	45.4
	r/(%)	31.64	27.83	24.24	20.88	17.77	14.90
30 000	α/(°)	9.9	9.8	9.5	9.1	8.7	8.3
	θ/(°)	70.1	65.2	60.5	55.9	51.3	46.7
	r/(%)	32.95	29.07	25.39	21.94	18.72	15.74

续表

高度/km	E/(°)	10	15	20	25	30	35
35 000	α/(°)	8.7	8.6	8.3	8.0	7.7	7.3
	θ/(°)	71.3	66.4	61.7	57.0	52.3	47.7
	r/(%)	33.94	30.01	26.27	22.75	19.44	16.38
36 000	α/(°)	8.5	8.4	8.1	7.8	7.5	7.1
	θ/(°)	71.5	66.6	61.9	57.2	52.5	47.9
	r/(%)	34.12	30.18	26.43	22.89	19.57	16.49
40 000	α/(°)	7.8	7.6	7.4	7.2	6.8	6.5
	θ/(°)	72.2	67.4	62.6	57.8	53.2	48.5
	r/(%)	34.73	30.76	26.97	23.39	20.02	16.89

由表 8-1 可以看出，从地球同步轨道高度 36 000 km 下降到 10 000 km，覆盖率下降并不显著（约 11%），而从 10 000 km 下降到 1 000 km 覆盖率将下降约 20%。这说明利用中高度轨道，星座的卫星数目相比地球同步轨道不会显著增加，但星上发射功率由于高度显著降低而减小得非常显著，这是中高度系统优于静止卫星系统的一个较重要的因素。

8.3 全球覆盖

所谓全球覆盖是指全球任何地方都可以观测到星座中的至少一颗卫星，所谓观测到是指卫星相对观测者的仰角大于某个确定的角度，对于不同的系统这个最低仰角是不同的。如果在任何时刻都能全球覆盖，则称为全球连续覆盖。如果观测者只能观测到一颗星，则称为单重覆盖，如果能同时观测到 N 颗星，则称为 N 重覆盖。

对于一个卫星星座是否能覆盖全球必须有一个判别方法，这是星座设计的一个基本问题，Walker[1] 提出了一个判别准则，这里做一简要介绍。

假设星座中的每颗卫星的轨道都是相同高度的圆轨道，并假定地球是一个圆球。把所有的卫星都投影到地球上，于是在球面上可以构成很多以这些星下点为顶点的球面三角形，每个三角形都可以作一个外接圆，记这个外接圆的半径（地心角距）为 R，如果这个外接圆内不包含别的星下点，那么要使得该外接圆的圆心被覆盖，星座中单颗卫星的覆盖半径 θ 必须不小于 R，这是对单重覆盖而言的，对于 N 重覆盖，Walker 还提出了相应的类似准则。这个准则的必要性是比较明显的，但是不是充分条件，Walker 并未说明，也未证明，如果不是充分条件，那么符合这个准则的星座就不一定能保证达到所要求的覆盖。我们对这一点进行了认真的研究，证明了 Walker 的判别准则是一个既必要又充分的条件[2]。有了这个判别准则，星座设计的工作量大大得减小，但我们还要检验星座在任意时刻是否都符合这一准则，而且还要找到最佳的轨道倾角，其工作量仍然是很大的，特别是星座中卫星的数量很多时。Walker 的判别准则使用范围很广，因为它并不涉及具体的星座布置，唯一的限制是同高度的圆轨道。

8.3.1　全球覆盖的最小星座

该问题是星座设计的一个最基本的问题，在早期的研究工作中有很多学者对此进行了探索，最后的结论是对于同高度的圆轨道星座，实现全球 N 重覆盖最少需要 $(2N+3)$ 颗卫星，因此要实现全球的单重覆盖至少需要 5 颗卫星，这样的星座已经找到，我们将在后面讨论具体星座时再进一步介绍。可以想象到，这种最小星座的每颗星的覆盖半径一定很大，轨道高度一定很高，因此自然要提出这样的问题：对于特定的覆盖半径，至少需要多少颗卫星才能覆盖全球？

对于 N 颗卫星的星座，很容易证明由它们组成的互不重叠的球面三角形共有 $(2N-4)$ 个，很明显，只有当这些三角形全都是等边三角形时，其覆盖是最佳的（需要说明的是，并非对任何 N 都存在这种最佳配置），在这种情况下，只要卫星对地面的覆盖半径大于等于这些三角形的外接圆半径就可以实现全球覆盖。由球面三角形的

知识可以推出，这些球面三角形的内角 ψ 应为

$$\psi=\frac{1}{3}\left(\pi+\frac{4\pi}{2N-4}\right)=\frac{N\pi}{3(N-2)} \tag{8-4}$$

对于内角为 ψ 的等边球面三角形，其外接圆的半径 R 为

$$R=\cos^{-1}\left(\frac{1}{\sqrt{3}\tan\dfrac{\psi}{2}}\right) \tag{8-5}$$

将式（8-4）代入式（8-5）得

$$R=\cos^{-1}\frac{1}{\sqrt{3}\tan\left(\dfrac{N\pi}{6(N-2)}\right)} \tag{8-6}$$

反过来可以得到

$$N=\frac{2}{\dfrac{6}{\pi}\tan^{-1}\left(\dfrac{1}{\sqrt{3}\cos R}\right)-1}+2 \tag{8-7}$$

据此可以得出，单星覆盖半径为 θ 时，卫星数目的下界为

$$N\geqslant\frac{2}{\dfrac{6}{\pi}\tan^{-1}\left(\dfrac{1}{\sqrt{3}\cos R}\right)-1}+2 \tag{8-8}$$

下界只是告诉了至少需要的卫星数，并非一定存在这样的星座，除了上面提到的原因以外，还由于卫星是在一组特定的轨道上运行，不可能每时每刻都保持这种最佳的排列。

8.3.2 两类典型的星座

至今为止所讨论的卫星星座中绝大部分是同倾角、同高度的圆轨道星座，除了分析这种星座的覆盖性能相对比较简单外，更主要的原因是地球引力场对这些轨道的摄动影响相同，不会引起星座的卫星间相对几何关系的变化。因而覆盖性能不会变化，即这样的星座是稳定的。

这类星座的一个共同点是包括若干个轨道面，每个轨道面上安排相同数量的卫星；但轨道面沿赤道的分布情况可以有所不同，此

外在同一轨道面内的卫星所形成的覆盖既可以是连续的也可以是间断的。从星座系统的管理考虑，可以使轨道面内的卫星之间的相位关系保持恒定（称其为有相星座）和任其变化（称其为无相星座）。前者需要有星上的轨道控制系统，后者无须配备这一系统。同平面内的卫星只要轨道周期有很小的差异，它们之间的相位关系就会发生变化，这种变化随时间不断累积，星座的覆盖性能随之不断下降，为了保持其原有的覆盖性能就必须定期调整其相位关系，这是通过调整轨道的半长轴来实现的。无相星座的卫星无轨控系统，只能任相位自然变化，为了使整个系统保持一定的覆盖性能，在每个轨道面内必须多放置几颗卫星，因此在系统设计时就要在卫星的复杂性与卫星数量之间进行权衡。

本书主要讨论有规则的星座的覆盖性能比较问题，并且只探讨分析和设计的方法，所以这里将这种圆轨道星座分成两大类。

8.3.2.1　Walker 星座

英国学者 Walker 对卫星星座进行了大量研究工作，提出了一系列星座构型，在实际应用中最著名的是 Walker－δ 星座，简称 Walker 星座。

沿用 Walker 的表示方法，这种星座用三个参数 T、P、F 来表示，其中 T 是星座包含的卫星总数，P 是轨道面数，F 表示相邻两轨道面的第一颗星之间的相位差，F 可以取 0 到 $P-1$ 之间的任一整数，相位差为（$F\times 360/T$）度。由于每个轨道面内卫星的个数相同，可知每个轨道面内的卫星数 $S=T/P$。可以看出，这种星座在 T 和 P 确定后还有 P 种不同的选择。在 T、P、F 确定后，不同的轨道倾角也会使得星座具有不同的覆盖性能。Walker 星座是一种卫星分布均匀且可选种类较多的星座，因此很多应用系统都采用这种星座布局。著名的全球卫星定位系统 GPS 就是一种 Walker 星座。

在设计 Walker 星座时，现在还没有一种分析方法可直接解算出最佳的布置方案，只能根据前面提到的判别准则来找出最小的覆盖半径 θ。我们已经根据判别准则设计出一种计算程序，利用这一程序可以较快找出最佳的 Walker 星座。Ballard[3]列出了卫星总数从 5 到 15 的最佳 Walker 星座的一些有关参数，我们用自己的程序对其进行验证，结果完全一致。我们还将卫星总数增加到 24 颗，算出了更大的最佳 Walker 星座的有关参数，表 8 - 2 列出了有关的结果。

表 8 - 2　全球单重连续覆盖的最佳 Walker 星座

星座配置			倾角 i /(°)	覆盖半径 θ /(°)
T	P	F		
5	5	1	43.66	69.15
6	6	4	53.13	66.42
7	7	5	55.69	60.26
8	8	6	61.86	56.52
9	9	7	70.54	54.81
10	10	7	47.93	51.53
11	11	4	53.79	47.61
12	3	1	50.73	47.90
13	13	5	58.44	43.76
14	7	4	53.98	41.96
15	3	1	53.51	42.13
16	8	5	56.56	40.12
17	17	7	55.47	38.92
18	6	2	56.56	38.36
19	19	5	57.42	37.14
20	10	7	56.80	36.63
21	7	3	61.15	36.69
22	11	8	58.05	35.76
23	23	10	57.25	35.42
24	6	1	58.40	35.65

我们还利用自己的程序寻找了全球多重连续覆盖的最佳 Walker 星座，Ballard 的文章中只给出了最多为四重的情况，我们除了对其

进行验证并获得同样的结果以外，还找出直到六重的最佳星座。表 8－3 列出了相应的结果。

表 8－3　全球多重连续覆盖的最佳 Walker 星座

重数	卫星总数	星座配置	倾角 i/(°)	覆盖半径 θ/(°)
1	5	5,5,1	43.66	69.15
2	7	7,7,2	61.81	75.97
3	9	9,9,7	58.56	84.88
4	11	11,11,4	68.38	85.31
5	13	13,13,5	65.15	87.26
6	15	15,15,6	69.65	88.07

由表 8－2 和表 8－3 可以看出，不论是单重覆盖还是多重覆盖，最佳的 Walker 星座大部分都是每个轨道平面内只有一颗卫星的星座。

8.3.2.2　环带组合星座

Walker 星座有很强的选择性，因此最佳星座绝大部分都是 Walker 星座，这是最大的优点。但在分析设计中，没有有效的解析方法来进行计算，只能按一定的顺序安排，用判别准则进行检验，计算量非常大。为了便于利用分析方法尽可能直接解算出星座布局，有些学者开始寻找别的途径，提出利用覆盖带（Street of coverage）来分析覆盖的方法，把覆盖的基本单元由单个覆盖圆变为同一轨道平面内所有卫星的覆盖圆所组成的连续的覆盖带（见图 8－2），研究如何有效安排这些覆盖带来达到特定的覆盖要求。很明显，要使同一平面内的所有卫星的覆盖形成一个连续的覆盖带，该平面内至少需要有三颗卫星。Walker 星座虽然也可以形成覆盖带，但并非必须。这就是这类星座区别于 Walker 星座的主要特征，我们称其为环带组合星座。

如图 8－2 所示，θ 表示单颗卫星覆盖圆的半径，同一轨道平面内的若干个卫星的覆盖形成一个宽度为 $2c$ 的环带，虽然总的覆盖范围要比这个环带大，但如果只取出这一部分覆盖作为分析星座的基本覆盖单元，问题就简化多了，而且这样做不但可以分析全球覆盖也便于分析区域覆盖。这种星座的具体布置办法是将相同倾角的若干轨道沿赤道均匀分布，保证不同平面所形成的覆盖带具有相同的宽度而不考虑不同平面之间的卫星的相对相位关系。由于这样做，忽略掉了相当一部分覆盖能力，最后设计出来的星座是比较保守的。这方面的研究工作以 Lüder [4]考虑带状区域的单重连续覆盖开始，以 Rider[5]的结果最完整，他给出了闭合形式的解析解，用这种解析解可以直接解出任意两个纬度之间的带状区域内多重覆盖的最佳星座。利用这种解法，在给出具体的轨道平面数以后，就可以解出最佳的轨道倾角 i 及覆盖带的半宽度 c ，由于 c 与同一平面内的卫星的个数及单颗卫星的覆盖半径都有关，因此可以有多种组合。设单颗卫星的覆盖半径为 θ ，同平面内的卫星数为 K ，参看图 8－2，由球面三角可得

$$\cos\theta = \cos c \cos \frac{\pi}{K} \tag{8-9}$$

解得

$$K = \frac{\pi}{\arccos\left(\dfrac{\cos\theta}{\cos c}\right)} \tag{8-10}$$

于是当 θ 确定后便可求出星座中的卫星个数。

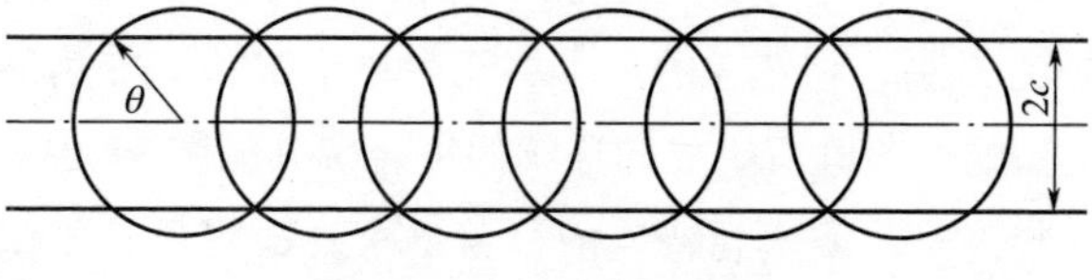

图 8－2　覆盖带示意图

这种解法在系统设计的可行性研究阶段还是有用的，但由于这种星座的设计“浪费”了相当一部分覆盖性能，离最佳星座还有一段距离。这促使一些研究工作者通过进一步分析不同轨道平面之间的卫星相位关系的有效安排来充分利用覆盖带外还未利用的覆盖能力。这种努力的结果，导致了另一种星座的出现，这种星座的不同

点在于轨道面的安排由沿整个赤道改为只沿半个赤道，对于全球覆盖的要求，可以证明采用这种布置又以极地轨道最佳。图 8－3 所示为极地轨道的情况。

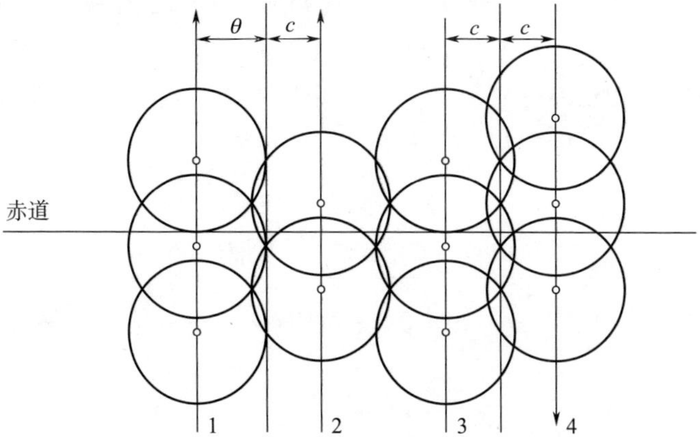

图 8－3　非对称极轨星座覆盖示意图

图 8－3 表示的是三个轨道面的情况，从左起 1，2，3 条轨迹表示三个轨道的升段，第 4 条轨迹是第一个轨道的降段，因此东西两条轨迹在赤道上相隔 180°，1 和 2、2 和 3 之间都是相隔 $\theta + c$，3 和 4 之间相隔 $2c$，所以是非均匀分布的。另一方面，同向运动的相邻轨道上卫星的相位关系是固定的，任一卫星都在相邻轨道的两颗卫星的中间位置，而异向运动的相邻轨道上的卫星的相位关系是变化的。正因为如此，保守的安排是使得异向相邻轨道的间隔为 $2c$。这种星座的卫星总数是很容易计算的。

假如单颗卫星的覆盖半径为 θ，为了达到全球覆盖须且只须满足

$$(p-1)(\theta+c)+2c=180^\circ \tag{8-11}$$

式中　p ——轨道面的数目。

由式（8－11）可以得出

$$c=\frac{180^\circ-(p-1)\theta}{p+1} \tag{8-12}$$

求出 c 后就可以利用式（8－10）求出每个轨道平面内应放置的卫星数。这种星座的主要特点是轨道面的分布不对称，故有时称其为非对称星座。

前面已经提到，这种星座的异向相邻轨道的间隔取 $2c$ 是比较保守的，根据具体的星座情况还可以进一步放宽，Adams 和 Rider[6] 对此进行了详细的研究。表 8－4 列出了卫星总数为 6～24 颗时，全球单重连续覆盖的非对称极轨星座的有关参数。

表 8－4　非对称极轨星座的有关参数

N	P	K	$\Delta\Omega$	θ /(°)	θ_0 /(°)
6	2	3	104.49	66.72	66.72
8	2	4	96.47	56.95	57.95
9	3	3	74.46	60.92	61.05
10	2	5	95.48	53.22	53.22
12	3	4	69.29	48.59	48.59
14	2	7	92.84	49.26	49.26
15	3	5	65.50	42.07	42.28
16	4	4	53.97	45.61	45.64
18	3	6	64.34	38.68	38.68
20	4	5	51.21	38.03	38.03
21	3	7	62.86	36.30	36.45
22	2	11	91.16	46.74	46.74
24	4	6	49.19	33.51	33.58

表 8－4 中，N 为星座的卫星总数；P 为平面数；K 为每个平面内的卫星个数；$\Delta\Omega$ 为相邻两轨道的升交点赤经差；θ 为所需的最小覆盖半径，这些数据引自参考文献［6］，它们已经考虑了异向运动区域的优化。θ_0 是不考虑这种优化的结果，是根据前面导出的公式计算的结果。从该表可以看出，并非卫星数越多覆盖性能越好，例如 15 颗星的星座就比 16 颗星的星座更好。此外异向运动区域的优化在有些情况会带来好处，但效果并不特别明显。如果不考虑这种优化，则计算

方法非常简单，可以很容易地算出任意大的星座所对应的覆盖半径。

对比表 8－2 和表 8－4 就可以看出，在大部分情况下，最佳 Walker 星座要比非对称星座的覆盖性能更好，两个例外的情况是 15 颗星和 24 颗星的星座。非对称星座虽然不一定是最佳的，却是可选的连续覆盖全球的星座。另一方面，我们已经证明了在这种非对称星座中采用极地轨道最佳。因此在系统设计的最初阶段可以先按这种星座的布置来估计所需卫星的总数。

采用极地轨道虽然是最佳的，但它的一个很明显的问题是卫星在极区发生碰撞的问题，为了避免这种可能性，可以将倾角取为小于 90°。

这种星座有一个很好的特点，对于全球来说它是由两个同向运动的星群组成的，同一星群的卫星之间的相对位置关系基本不变，构成一个阵列同向推进，这对移动通信似乎是很有利的。著名的移动通信卫星系统“铱”系统就是这种非对称星座。

8.4　星座卫星数的一个近似估计式

在上一节中提出，在系统设计的最初阶段可以利用最佳非对称星座作为初选的星座来估计所需卫星的总数。在研究过程中又发现了一个更为简单的估计式来估算所需卫星总数，而且这个估计式还有比较明确的几何意义。

若单星覆盖范围的半径为 θ，那么它的覆盖面积为地球总面积的 $(1-\cos\theta)/2$，要使星座中所有卫星的单星覆盖面积的总和为全球总面积的两倍，则卫星的总数 N 约为

$$N \approx \frac{4}{1-\cos\theta} \tag{8-13}$$

根据式（8－13）可由 N 求出 θ，再与表 8－2 和表 8－4 进行比较，可以看出该估计式是比较精确的。表 8－5 列出了计算结果。

表 8-5 经验估计的结果

N	$\theta/(°)$	N	$\theta/(°)$	N	$\theta/(°)$	N	$\theta/(°)$
3	109.47	28	31.00	53	22.40	78	18.43
4	90.00	29	30.45	54	22.19	79	18.31
5	78.46	30	29.93	55	21.99	80	18.19
6	70.53	31	29.43	56	21.79	81	18.08
7	64.62	32	28.96	57	21.59	82	17.97
8	60.00	33	28.50	58	21.40	83	17.86
9	56.25	34	28.07	59	21.22	84	17.75
10	53.13	35	27.66	60	21.04	85	17.65
11	50.48	36	27.27	61	20.86	86	17.54
12	48.19	37	26.89	62	20.69	87	17.44
13	46.19	38	26.53	63	20.53	88	17.34
14	44.42	39	26.18	64	20.36	89	17.24
15	42.83	40	25.84	65	20.21	90	17.15
16	41.41	41	25.52	66	20.05	91	17.05
17	40.12	42	25.21	67	19.90	92	16.96
18	38.94	43	24.91	68	19.75	93	16.87
19	37.86	44	24.62	69	19.60	94	16.77
20	36.87	45	24.34	70	19.46	95	16.69
21	35.95	46	24.07	71	19.32	96	16.60
22	35.10	47	23.81	72	19.19	97	16.51
23	34.30	48	23.56	73	19.06	98	16.43
24	33.56	49	23.31	74	18.92	99	16.34
25	32.86	50	23.07	75	18.80	100	16.26
26	32.20	51	22.84	76	18.67	101	16.18
27	31.59	52	22.62	77	18.55	102	16.10

该近似估计式的几何意义是：为了实现全球单重覆盖，星座的所有卫星的覆盖面积之和应为地球总面积的两倍。基于该估计式再利用式（8-3），便可以估算出对应不同高度不同仰角，星座所需的

卫星总数。图 8-4 的曲线分别给出了轨道高度为 500～1 500 km 及 1 500～11 000 km 的星座卫星总数的估计值。

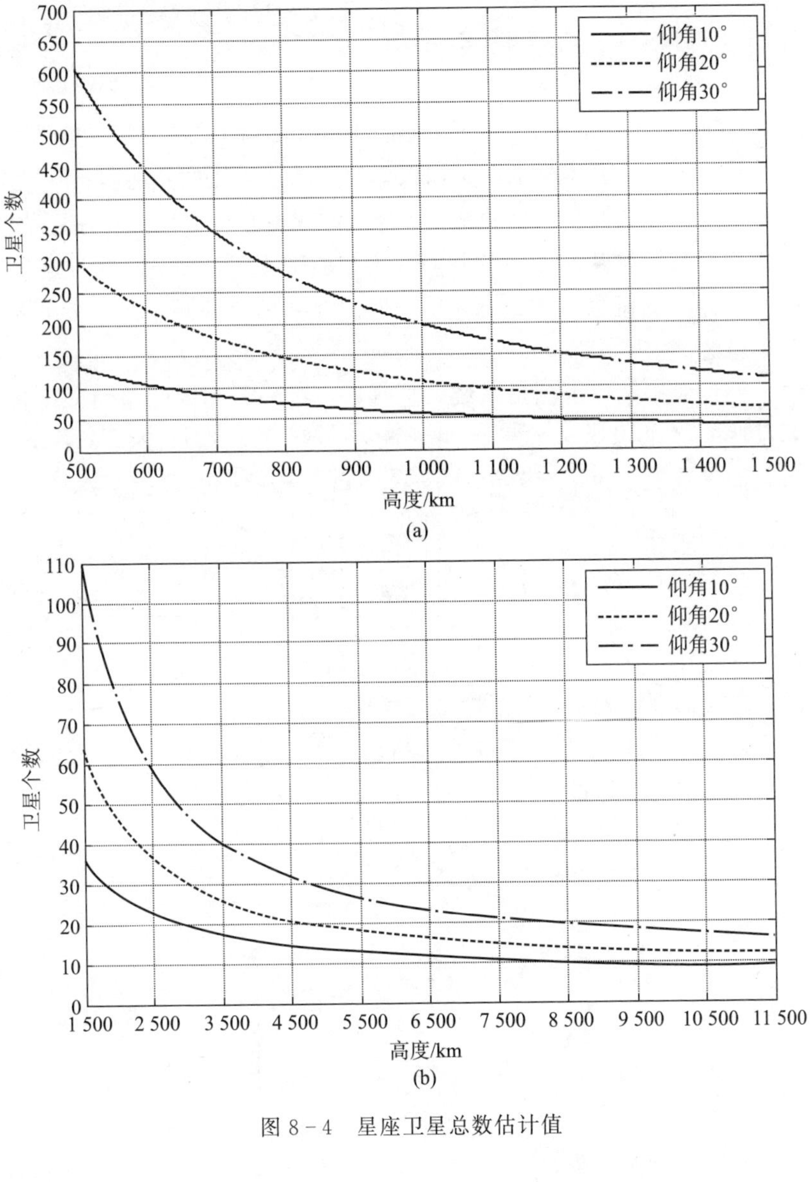

图 8-4　星座卫星总数估计值

上面两图中的曲线表示轨道高度与星座中卫星总数之间的关系，三条曲线从下至上分别对应最低观测仰角为10°，20°，30°的情况。

8.5 GPS的导航精度分析

GDOP（Geometry Dilution Of Precision）因子是表征导航系统定位精度的一个基本参数，可以汉译为“精度弱化的几何因子”。它实际上是从原始测量数据的精度到导航结果的精度之间的传递系数，它由用户与导航基准之间的相对几何位置关系唯一确定。为了理解GDOP因子的概念，下面先介绍一般的参数估计问题中的协方差矩阵的概念。

假设对于某一个测量系统，它可以通过一系列的测量结果来推算某些有关的参数。如果将测量量表示为 $f_j\,(j=1,2,\cdots,n)$，待估的参数表示为 $e_j\,(j=1,2,\cdots,m)$ $(m\leqslant n)$，记

$$\boldsymbol{f}=\begin{bmatrix} f_1 \\ f_2 \\ \vdots \\ f_n \end{bmatrix},\ \boldsymbol{e}=\begin{bmatrix} e_1 \\ e_2 \\ \vdots \\ e_m \end{bmatrix} \tag{8-14}$$

两者之间的理论关系以向量的形式表示为

$$\boldsymbol{f}=\boldsymbol{f}(\boldsymbol{e}) \tag{8-15}$$

因此测量量与待估量之间的误差关系为

$$\delta\boldsymbol{f}=\frac{\partial\boldsymbol{f}}{\partial\boldsymbol{e}}\delta\boldsymbol{e} \tag{8-16}$$

记

$$\boldsymbol{A}=\frac{\partial\boldsymbol{f}}{\partial\boldsymbol{e}}=\begin{bmatrix} \dfrac{\partial f_1}{\partial e_1} & \cdots & \dfrac{\partial f_1}{\partial e_m} \\ \vdots & & \vdots \\ \dfrac{\partial f_n}{\partial e_1} & \cdots & \dfrac{\partial f_n}{\partial e_m} \end{bmatrix} \tag{8-17}$$

矩阵 $\boldsymbol{A}$ 称为观测矩阵，式（8-16）可以表示为

$$\boldsymbol{A}\delta\boldsymbol{e}=\delta\boldsymbol{f} \tag{8-18}$$

进一步可得

$$\delta\boldsymbol{e}=(\boldsymbol{A}^{\mathrm{T}}\boldsymbol{A})^{-1}\boldsymbol{A}^{\mathrm{T}}\delta\boldsymbol{f} \tag{8-19}$$

式（8-19）建立了待估参数误差与测量误差之间的线性关系。它们之间的统计关系为

$$E(\delta\boldsymbol{e}\delta\boldsymbol{e}^{\mathrm{T}})=(\boldsymbol{A}^{\mathrm{T}}\boldsymbol{A})^{-1}\boldsymbol{A}^{\mathrm{T}}E(\delta\boldsymbol{f}\delta\boldsymbol{f}^{\mathrm{T}})\boldsymbol{A}\ (\boldsymbol{A}^{\mathrm{T}}\boldsymbol{A})^{-1} \tag{8-20}$$

式中，$E(\ )$ 表示求数学期望的运算。如果这 n 个测量相互独立并且是等精度的，方差为 σ_f^2 ，则式（8-20）变化为

$$E(\delta\boldsymbol{e}\delta\boldsymbol{e}^{\mathrm{T}})=(\boldsymbol{A}^{\mathrm{T}}\boldsymbol{A})^{-1}\sigma_f^2 \tag{8-21}$$

通常记

$$\mathrm{cov}(\delta\boldsymbol{e})=E(\delta\boldsymbol{e}\delta\boldsymbol{e}^{\mathrm{T}}) \tag{8-22}$$

并称其为待估向量误差的协方差矩阵，它的对角线上的元素为相应的各个待估参数误差的方差。如果记

$$\boldsymbol{B}=(b_{ij})=(\boldsymbol{A}^{\mathrm{T}}\boldsymbol{A})^{-1} \tag{8-23}$$

由式（8-21）可得各待估参数误差的方差的表达式为

$$\sigma_{e_j}^2=b_{jj}\sigma_f^2 \tag{8-24}$$

这种分析方法应用广泛，例如在分析卫星轨道的测轨精度时就经常采用这种方法。

将这种一般性的精度分析方法用于我们所讨论的问题，测量量是伪距 ρ ，待估参数共有四个，其中三个是表示用户空间位置的坐标，另一个是用户时间与系统时间的差，在分析时可将最后一个参数转换为相应的距离差 $\Delta\rho$ ，空间位置的三个分量可以取为

$$e_1=R\lambda,\ e_2=R\phi,\ e_3=h \tag{8-25}$$

式中，R 为地球半径；λ ，ϕ 分别为经度和纬度。于是观测矩阵 $\boldsymbol{A}$ 变为

$$\boldsymbol{A}=\begin{bmatrix}\dfrac{\partial\rho_1}{R\partial\lambda} & \dfrac{\partial\rho_1}{R\partial\phi} & \dfrac{\partial\rho_1}{\partial h} & 1\\ \vdots & \vdots & \vdots & \vdots\\ \dfrac{\partial\rho_n}{R\partial\lambda} & \dfrac{\partial\rho_n}{R\partial\phi} & \dfrac{\partial\rho_n}{\partial h} & 1\end{bmatrix} \tag{8-26}$$

根据式（8-26）可以算出式（8-23）中的 **B** 矩阵，导航系统的定位精度等信息完全包含在 **B** 矩阵内。对于这样的系统，人们关心的是各个位置分量、平面及空间位置精度以及时差测定精度。

记空间和平面的位置误差分别为

$$\delta P=\sqrt{\delta e_1^2+\delta e_2^2+\delta e_3^2},\delta H=\sqrt{\delta e_1^2+\delta_2^2} \tag{8-27}$$

则相应的方差分别为

$$\begin{aligned}\sigma_P^2&=E(\delta P^2)=E(\delta e_1^2)+E(\delta e_2^2)+E(\delta e_3^2)=(b_{11}+b_{22}+b_{33})\sigma_f^2\\ \sigma_H^2&=E(\delta H^2)=E(\delta e_1^2)+E(\delta e_2^2)=(b_{11}+b_{22})\sigma_f^2\end{aligned} \tag{8-28}$$

而高度及与时差对应的距离差的误差的方差为

$$\begin{aligned}\sigma_V^2&=E(\delta e_3^2)=b_{33}\sigma_f^2\\ \sigma_T^2&=E(\delta e_4^2)=b_{44}\sigma_f^2\end{aligned} \tag{8-29}$$

将这些精度转换关系用 GDOP 因子来表述，定义

$$\begin{aligned}\mathrm{PDOP}&=\sqrt{b_{11}+b_{22}+b_{33}}\\ \mathrm{HDOP}&=\sqrt{b_{11}+b_{22}}\\ \mathrm{VDOP}&=\sqrt{b_{33}}\\ \mathrm{TDOP}&=\sqrt{b_{44}}\end{aligned} \tag{8-30}$$

则相应的标准差为

$$\begin{aligned}\sigma_P&=\mathrm{PDOP}\sigma_f\\ \sigma_H&=\mathrm{HDOP}\sigma_f\\ \sigma_V&=\mathrm{VDOP}\sigma_f\\ \sigma_T&=\mathrm{TDOP}\sigma_f\end{aligned} \tag{8-31}$$

由 σ_T 可以转换为测定时偏的误差的标准差 $\sigma_t=\sigma_T/c$，c 为光速。上述四个 GDOP 因子都有其物理意义。在早期的二维和三维的导航概念中只有一个 GDOP 因子，分别对应这里的 HDOP 和 PDOP。对于四维的导航概念，将原来的 GDOP 概念推广为

$$\mathrm{GDOP}=\sqrt{b_{11}^2+b_{22}^2+b_{33}^2+b_{44}^2} \tag{8-32}$$

它已经不具有任何物理意义，在实际的误差分析中并不需要，

但它可以作为系统总性能的一个指标，用于不同星座系统之间的比较。

在具体计算某项误差在某个范围内的概率时，需要特别说明的是，即使测量数据的误差满足正态分布，除各个误差分量仍满足正态分布外，δP 和 δH 已不再是正态分布，因此不能简单地直接用单参数的正态分布来分析计算，而应该用多维的正态分布来讨论。

参 考 文 献

［1］ J G WALKER. Satellite constellations. JBIS，1984（37）：559－571.

［2］ 袁仕耿．星座设计［D］．北京：中国空间技术研究院空间飞行器总体设计部，1996.

［3］ A H BALLARD. Rosette constellations of Earth satellites. IEEE Trans. On Aerospace and Electronic Systems. Vol. AES－16，September 1980：656－673.

［4］ R D LUDERS. Satellite network for continuous zonal coverage. ARS，Vol. 31，Feb. 1961：179－184.

［5］ L RIDER. Analytic design of satellite constellations for zonal Earth coverage using inclined circular orbits. Journal of the Astronautical Sciences，Vol. 34，Jan. －Mar. 1986：31－64.

［6］ W S ADAMS，L RIDER. Circular polar constellations providing continuous single or multiple coverage above a specified latitude. Journal of the Astronautical Sciences，Vol. 35，Apr. －Jun. 1987：155－192.

第 9 章　月球和行星际探测的转移轨道

9.1　概述

月球和行星际探测的轨道的关键部分是探测器在作为中心引力体的两个星体之间转移的转移轨道。月球探测器从地球飞到月球需经由地月转移轨道，探测器在飞行过程中起先主要是受地球引力的影响，而当它飞近月球后将主要受月球引力的影响，因此这不再是简单的二体问题。火星探测器从地球飞到火星同样是要经由从地球引力场到火星引力场的地火转移轨道。人们所面对的实际是个 N 体问题。N 体问题中即便是最简单的圆限制性三体问题，虽然经过历代天文学家和数学家的潜心研究也还未找到在工程中可用的解析解。因此在工程上，N 体问题已经变成一个求数值解的问题，在这方面有意义的研究工作就是寻找一种有效的数值解法。在研究飞行器的运动时自然要涉及月球和太阳的星历计算，但这些都是已经解决的问题，已经有很好的结果可用。在研究这种转移轨道的特性时完全可以把一些已知的具体细节暂时忽略掉，而只考虑一个简化的动力学模型。在这里把它简化为由飞行器、地球、月球构成的三体问题来研究，便足以说明其主要的特性。

9.2　N 体问题的运动方程

设 n 个星体的质量分别为 $M_j\,(j=1,\ 2,\ \cdots,\ n)$ ，它们相对于惯性参考系的向径为 $\boldsymbol{R}_j$ ，如图 9－1 所示。

记第 j 个星体相对第 i 个星体的向径为 $\boldsymbol{r}_{ij}$ ，则

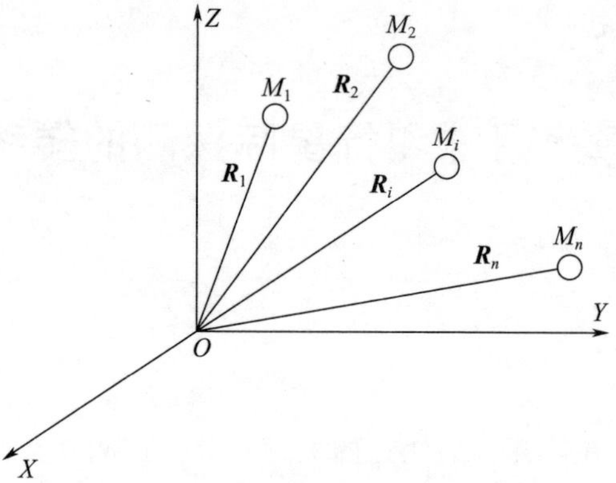

图 9-1　多体问题示意图

$$\boldsymbol{r}_{ij}=\boldsymbol{R}_j-\boldsymbol{R}_i \tag{9-1}$$

第 i 个星体受第 j 个星体的引力为

$$\boldsymbol{F}_{ij}=G\frac{M_iM_j}{r_{ij}^3}\boldsymbol{r}_{ij} \tag{9-2}$$

式中，G 是万有引力常数。第 i 个星体由第 j 个星体引起的加速度为

$$\ddot{\boldsymbol{R}}_i^{(j)}=G\frac{M_j}{r_{ij}^3}\boldsymbol{r}_{ij} \tag{9-3}$$

因此，第 i 个星体由其余 $(n-1)$ 个星体引起的加速度之和为

$$\ddot{\boldsymbol{R}}_i=\sum_{\substack{j=1\\j\neq i}}^{n}\ddot{\boldsymbol{R}}_i^{(j)}=G\sum_{\substack{j=1\\j\neq i}}^{n}\frac{M_j}{r_{ij}^3}\boldsymbol{r}_{ij} \tag{9-4}$$

如果要研究飞行器相对于某个主星体的运动，可以把第 n 个星体当作飞行器，第 1 个星体当作主星体，于是飞行器相对于主星体的加速度为

$$\begin{aligned}\ddot{\boldsymbol{r}}_{1n}&=\ddot{\boldsymbol{R}}_n-\ddot{\boldsymbol{R}}_1=G\left(\sum_{j=1}^{n-1}\frac{M_j}{r_{nj}^3}\boldsymbol{r}_{nj}-\sum_{j=2}^{n}\frac{M_j}{r_{1j}^3}\boldsymbol{r}_{1j}\right)\\&=G\left[\frac{M_1}{r_{n1}^3}\boldsymbol{r}_{n1}+\sum_{j=2}^{n-1}M_j\left(\frac{\boldsymbol{r}_{nj}}{r_{nj}^3}-\frac{\boldsymbol{r}_{1j}}{r_{1j}^3}\right)-\frac{M_n}{r_{1n}^3}\boldsymbol{r}_{1n}\right]\\&=-G\frac{M_1+M_n}{r_{1n}^3}\boldsymbol{r}_{1n}+\sum_{j=2}^{n-1}GM_j\left(\frac{\boldsymbol{r}_{nj}}{r_{nj}^3}-\frac{\boldsymbol{r}_{1j}}{r_{1j}^3}\right)\end{aligned} \tag{9-5}$$

由于所用的求解方法是数值方法，动力学模型中所包含的星体个数可以视具体问题而定。本章研究重点是地月转移轨道，除必须考虑地球、月球和探测器这三体外，还将太阳的引力也包括进去，看作四体问题。把地球作为主星体考虑探测器相对于地球的运动，分别记探测器、月球、太阳相对于地球的向径为 $\boldsymbol{r}$ 、$\boldsymbol{r}_m$ 、$\boldsymbol{r}_s$ ，四者的质量为 M 、M_m 、M_s 和 M_e ，则有

$$\ddot{\boldsymbol{r}} = -\frac{G(M+M_e)}{r^3}\boldsymbol{r} + GM_m\left(\frac{\boldsymbol{r}_m-\boldsymbol{r}}{|\boldsymbol{r}_m-\boldsymbol{r}|^3}-\frac{\boldsymbol{r}_m}{r_m^3}\right)+ GM_s\left(\frac{\boldsymbol{r}_s-\boldsymbol{r}}{|\boldsymbol{r}_s-\boldsymbol{r}|^3}-\frac{\boldsymbol{r}_s}{r_s^3}\right) \tag{9-6}$$

由于探测器的质量远小于地球的质量，它的质量完全可以忽略。记

$$\begin{aligned} &\mu_e = GM_e, \mu_m = GM_m, \mu_s = GM_s \\ &\boldsymbol{r}_{md} = \boldsymbol{r} - \boldsymbol{r}_m, \boldsymbol{r}_{sd} = \boldsymbol{r} - \boldsymbol{r}_s \end{aligned} \tag{9-7}$$

则探测器相对于地球的运动方程可以写成

$$\ddot{\boldsymbol{r}} = -\frac{\mu_e}{r^3}\boldsymbol{r} - \mu_m\left(\frac{\boldsymbol{r}_{md}}{r_{md}^3}+\frac{\boldsymbol{r}_m}{r_m^3}\right) - \mu_s\left(\frac{\boldsymbol{r}_{sd}}{r_{sd}^3}+\frac{\boldsymbol{r}_s}{r_s^3}\right) \tag{9-8}$$

若记 $\boldsymbol{v} = \dot{\boldsymbol{r}}$ ，则上述二次方程可以改写为一次方程

$$\begin{aligned} &\dot{\boldsymbol{r}} = \boldsymbol{v} \\ &\dot{\boldsymbol{v}} = -\frac{\mu_e}{r^3}\boldsymbol{r} - \mu_m\left(\frac{\boldsymbol{r}_{md}}{r_{md}^3}+\frac{\boldsymbol{r}_m}{r_m^3}\right) - \mu_s\left(\frac{\boldsymbol{r}_{sd}}{r_{sd}^3}+\frac{\boldsymbol{r}_s}{r_s^3}\right) \end{aligned} \tag{9-9}$$

9.3　地月转移轨道的建模

在 20 世纪 60 年代初，美国在着手进行阿波罗计划之初，NASA 的马歇尔航天中心的 B. F. Hoelker 和 N. J. Braud 对地月转移轨道的建模问题进行了全局性的研究，发表了一篇奠基性的论文[1]，该论文将地月转移轨道规定为从高度为 H_e 的近地点飞抵高度为 H_m 的近月点之间，飞行时间为 T 的轨道段。该轨道段包含三个参数（ H_e ，H_m ，T ），该论文对三个参数的转移轨道进行了大量的数值计算，

对所有符合这种要求的转移轨道特性，以及近地点和近月点在地面和月面上的位置以图形的方式做了详细的表述。

从 $t=0$ 到 $t=T$ 的无动力的飞行轨道包含六个自由度，如果在 $t=0$ 时的位置向量和速度向量完全确定，则 $t=T$ 时的位置向量和速度向量也将完全确定。因此这里的包含三个参数（H_e，H_m，T）的轨道段除了 H_e，H_m 外还限定了两个参数，一个是 $t=0$ 时刻作为地球卫星的瞬时轨道的真近点角为零，另一个是 $t=T$ 时刻相对月球的瞬时双曲线轨道的真近点角也为零。于是在对地月转移轨道建模时还可以有两个自由度。从工程应用考虑这两个自由度应该分别用于 $t=0$ 时刻地球卫星瞬时轨道的倾角和 $t=T$ 时刻相对月球的瞬时双曲线轨道的倾角。

基于上面的考虑，可以把求解地月转移轨道问题，建模成微分方程的两点边值问题。

记 $\boldsymbol{r}$，$\boldsymbol{v}$ 为飞行器相对于地心的位置和速度矢量，记 $\boldsymbol{r}_1$，$\boldsymbol{v}_1$ 为飞行器相对于月心的位置和速度矢量

$$\boldsymbol{q}=\begin{bmatrix} q_1 \\ q_2 \\ q_3 \end{bmatrix},\boldsymbol{p}=\begin{bmatrix} v_p \\ \Omega \\ \omega \end{bmatrix} \tag{9-10}$$

$$q_1=H_m\ ,q_2=\cos f=\frac{\boldsymbol{r}_1\cdot\boldsymbol{v}_1}{r_1 v_1}\ ,q_3=\cos i=\boldsymbol{k}\cdot\frac{\boldsymbol{r}_1\times\boldsymbol{v}_1}{|\boldsymbol{r}_1\times\boldsymbol{v}_1|} \tag{9-11}$$

式中 H_m ——近月点的高度；

$\boldsymbol{k}$ ——所选定的月心坐标系 Z 轴的单位矢量；

v_p ——近地点的速度；

Ω ——升交点赤经；

ω ——近地点幅角。

初始状态与终极状态之间有着确定的关系

$$\boldsymbol{q}=\boldsymbol{f}(\boldsymbol{p}) \tag{9-12}$$

9.4　问题的解法

如果初始状态与终极状态之间的函数关系 f 可以明确地表示出来，两状态的偏差之间的关系可以线性近似表示为

$$\Delta \boldsymbol{q}=\frac{\partial \boldsymbol{f}}{\partial \boldsymbol{p}}\Delta \boldsymbol{p} \tag{9-13}$$

我们需要的这个偏导数矩阵不存在解析表达式，而我们的目的也不是求解这个表达式而是求解它的具体数值，它们完全可以通过数值积分得到。因为

$$\Delta \boldsymbol{q}=\frac{\partial \boldsymbol{q}}{\partial\begin{bmatrix}\boldsymbol{r}\\ \boldsymbol{v}\end{bmatrix}}\cdot\frac{\partial\begin{bmatrix}\boldsymbol{r}\\ \boldsymbol{v}\end{bmatrix}}{\partial\begin{bmatrix}\boldsymbol{r}_0\\ \boldsymbol{v}_0\end{bmatrix}}\cdot\frac{\partial\begin{bmatrix}\boldsymbol{r}_0\\ \boldsymbol{v}_0\end{bmatrix}}{\partial \boldsymbol{p}}\cdot\Delta \boldsymbol{p} \tag{9-14}$$

式中，$\boldsymbol{r}_0$，$\boldsymbol{v}_0$ 及 $\boldsymbol{r}$，$\boldsymbol{v}$ 分别为飞行器在近地点和近月点时的状态。

对照式（9－13）和式（9－14）可以看出，$\frac{\partial \boldsymbol{f}}{\partial \boldsymbol{p}}$ 是三个矩阵的乘积，除了中间的状态转移矩阵无法给出明确的解析表达式外，其余两个矩阵是很容易求出其解析表达式的，而转移矩阵可以通过矩阵微分方程与运动方程一起用数值积分的方法解算出来。记状态转移矩阵为

$$\boldsymbol{R}=\frac{\partial\begin{bmatrix}\boldsymbol{r}\\ \boldsymbol{v}\end{bmatrix}}{\partial\begin{bmatrix}\boldsymbol{r}_0\\ \boldsymbol{v}_0\end{bmatrix}}=\begin{bmatrix}\frac{\partial \boldsymbol{r}}{\partial \boldsymbol{r}_0} & \frac{\partial \boldsymbol{r}}{\partial \boldsymbol{v}_0}\\ \frac{\partial \boldsymbol{v}}{\partial \boldsymbol{r}_0} & \frac{\partial \boldsymbol{v}}{\partial \boldsymbol{v}_0}\end{bmatrix}\equiv\begin{bmatrix}R_{11} & R_{12}\\ R_{21} & R_{22}\end{bmatrix} \tag{9-15}$$

则

$$\dot{\boldsymbol{R}}=\begin{bmatrix}\frac{\partial \boldsymbol{v}}{\partial \boldsymbol{r}_0} & \frac{\partial \boldsymbol{v}}{\partial \boldsymbol{v}_0}\\ \frac{\partial \boldsymbol{g}}{\partial \boldsymbol{r}_0} & \frac{\partial \boldsymbol{g}}{\partial \boldsymbol{v}_0}\end{bmatrix} \tag{9-16}$$

$$\boldsymbol{g}=-\frac{\mu_e}{r^3}\boldsymbol{r}-\mu_m\left(\frac{\boldsymbol{r}_{md}}{r_{md}^3}+\frac{\boldsymbol{r}_m}{r_m^3}\right)-\mu_s\left(\frac{\boldsymbol{r}_{sd}}{r_{sd}^3}+\frac{\boldsymbol{r}_s}{r_s^3}\right) \tag{9-17}$$

$$\begin{aligned}&\dot{R}_{11}=R_{21},\dot{R}_{12}=R_{22}\\&\dot{R}_{21}=\frac{\partial\boldsymbol{g}}{\partial\boldsymbol{r}_0},\dot{R}_{22}=\frac{\partial\boldsymbol{g}}{\partial\boldsymbol{v}_0}\end{aligned} \tag{9-18}$$

为了求出 $\frac{\partial\boldsymbol{g}}{\partial\boldsymbol{r}_0}$，$\frac{\partial\boldsymbol{g}}{\partial\boldsymbol{v}_0}$，还需要进行如下推导

$$\frac{\partial\boldsymbol{g}}{\partial\boldsymbol{r}_0}=\frac{\partial\boldsymbol{g}}{\partial\boldsymbol{r}}\frac{\partial\boldsymbol{r}}{\partial\boldsymbol{r}_0}$$

$$\frac{\partial\boldsymbol{g}}{\partial\boldsymbol{v}_0}=\frac{\partial\boldsymbol{g}}{\partial\boldsymbol{r}}\frac{\partial\boldsymbol{r}}{\partial\boldsymbol{v}_0}$$

$$\frac{\partial r^n}{\partial\boldsymbol{r}}=\frac{\partial\left(\boldsymbol{r}^{\mathrm{T}}\cdot\boldsymbol{r}\right)^{\frac{n}{2}}}{\partial\boldsymbol{r}}=\frac{n}{2}r^{n-2}\frac{\partial\left(\boldsymbol{r}^{\mathrm{T}}\cdot\boldsymbol{r}\right)}{\partial\boldsymbol{r}}=nr^{n-2}\boldsymbol{r}^{\mathrm{T}}$$

$$\frac{\partial r_{md}^n}{\partial\boldsymbol{r}}=nr_{md}^{n-2}\boldsymbol{r}_{md}^{\mathrm{T}}$$

$$\frac{\partial\boldsymbol{g}}{\partial\boldsymbol{r}}=3\left(\mu_e\frac{\boldsymbol{r}\boldsymbol{r}^{\mathrm{T}}}{r^5}+\mu_m\frac{\boldsymbol{r}_{md}\boldsymbol{r}_{md}^{\mathrm{T}}}{r_{md}^5}+\mu_s\frac{\boldsymbol{r}_{sd}\boldsymbol{r}_{sd}^{\mathrm{T}}}{r_{sd}^5}\right)-\left(\frac{\mu_e}{r^3}+\frac{\mu_m}{r_{md}^3}+\frac{\mu_s}{r_{sd}^3}\right)\boldsymbol{I}$$

最后得到

$$\begin{aligned}&\dot{R}_{11}=R_{21}\\&\dot{R}_{12}=R_{22}\\&\dot{R}_{21}=\frac{\partial\boldsymbol{g}}{\partial\boldsymbol{r}}R_{11}\\&\dot{R}_{22}=\frac{\partial\boldsymbol{g}}{\partial\boldsymbol{r}}R_{12}\end{aligned} \tag{9-19}$$

状态转移矩阵微分方程的初值是 6 阶的单位矩阵。

需要说明的是，上述推导所基于的运动模型是质点模型，在进一步的应用中，完全可以把它扩展到包括地球引力场及月球引力场的更为精确的模型。

经过处理就可以采用迭代的方法来获得精确的数值解。这种方法通常称为微分修正法。具体的做法是：

第一步，通过其他方式得到一个近似解，它在 $t=0$ 时刻的瞬时轨道的真近点角为零，轨道倾角和近地点高度满足给定的要求，而近地点速度 v_p ，升交点赤经 Ω 及近地点幅角 ω 作为初始状态向量 $\boldsymbol{p}$ 的三个分量需要通过微分修正。根据式（9-13），修正关系式应为

$$\Delta \boldsymbol{p}=\left(\frac{\partial \boldsymbol{f}}{\partial \boldsymbol{p}}\right)^{-1} \Delta \boldsymbol{q} \tag{9-20}$$

第二步，基于 $t=0$ 时刻的位置和速度向量 $\boldsymbol{r}_0$，$\boldsymbol{v}_0$ 以及作为状态转移矩阵的初值的 6×6 的单位矩阵，对矩阵微分方程进行数值积分到 $t=T$ 时刻，然后计算出 $\left(\frac{\partial \boldsymbol{f}}{\partial \boldsymbol{p}}\right)^{-1}$ 。

第三步，利用式（9-20）计算出微分修正量 $\Delta \boldsymbol{p}$ ，并对 $\boldsymbol{p}$ 进行修正。然后在不改变对真近点角、轨道倾角和近地点高度要求的前提下，计算出修正后的 $t=0$ 时刻的位置和速度向量 $\boldsymbol{r}_0$，$\boldsymbol{v}_0$。

下面的继续迭代从第二步开始。如此反复迭代修正直到满足预先设定的精度要求为止。

在求解地月转移轨道时，这种迭代过程的收敛性是一个值得注意的问题，也就是对迭代初值的近似解有较高的要求，下面介绍一种比较可靠的办法，它包括三个阶段。

第一阶段，基于二体问题给出两条近似解的轨道。其做法是忽略月球的引力，假定月球探测器是与一个普通的人造卫星交会（见图 9-2）。

图 9-2 中显示的是卫星到达月球时月球的位置，根据月球的星历可以计算出相应的轨道。对于卫星轨道来说，到达月球时的地心距与月球的地心距相等也是已知的，记为 r ，如果轨道的近地距 r_p 和近地点速度 v_p 也知道，就可以完全求出卫星轨道的参数。

用这样的方法可以算出两支轨道，其中一支是卫星出发时处于轨道降段，另一支是卫星出发时处于轨道升段，之所以称其为“支”

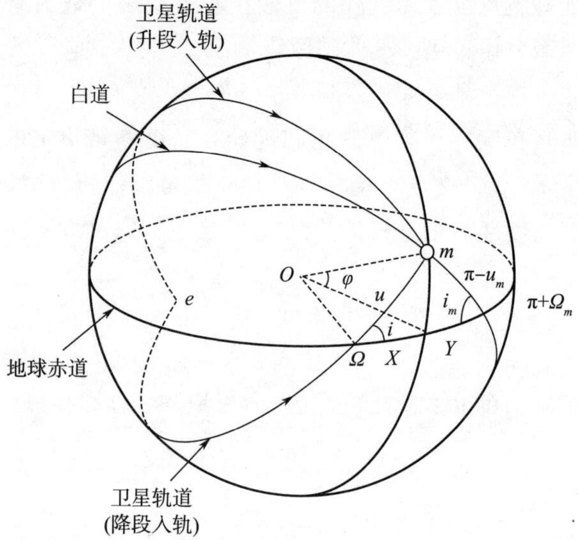

图 9-2　卫星轨道与白道交会

是因为在进一步虑及月球引力影响时每一支到月球附近时又将分岔为两条，一条的近月点在月球的北半球，另一条的近月点在月球的南半球。

对于降段入轨轨道

$$\Omega_1 = \pi + \Omega_m - \arcsin\left(\frac{\tan\varphi}{\tan i}\right) - \arcsin\left(\frac{\tan\varphi}{\tan i_m}\right)$$

$$\omega_1 = \pi + \arcsin\left(\frac{\sin\varphi}{\sin i}\right)$$

对于升段入轨轨道

$$\Omega_1 = \Omega_m + \arcsin\left(\frac{\tan\varphi}{\tan i}\right) - \arcsin\left(\frac{\tan\varphi}{\tan i_m}\right)$$

$$\omega_1 = 2\pi - \arcsin\left(\frac{\sin\varphi}{\sin i}\right)$$

在很多情况下，将这样的二体问题的近似解作为初值进行迭代修正就可以得到一条精确的地月转移轨道。但到此为止问题还未完全解决。从地球出发时的升、降段是容易区别的，但到达月球附近的两支较难区别，这是迭代过程出现发散的很重要的原因。

第二阶段，将到达月球附近的两条相近的轨道区别开来。

经过大量的分析和计算表明，要区别这两条相近的轨道并确保迭代的收敛性，有效办法是将式（9－10）中终端要求 $\boldsymbol{q}$ 的三个条件减少为两个，例如变成

$$\boldsymbol{p}=\begin{bmatrix} v_p \\ \omega \\ \Omega \end{bmatrix},\ \boldsymbol{q}=\begin{bmatrix} q_1 \\ q_2 \end{bmatrix},\ \boldsymbol{A}=\begin{bmatrix} \dfrac{\partial q_1}{\partial v_p} & \dfrac{\partial q_1}{\partial \omega} & \dfrac{\partial q_1}{\partial \Omega} \\ \dfrac{\partial q_2}{\partial v_p} & \dfrac{\partial q_2}{\partial \omega} & \dfrac{\partial q_2}{\partial \Omega} \end{bmatrix} \tag{9-21}$$

$$\Delta \boldsymbol{q}=\boldsymbol{A}\Delta \boldsymbol{p} \tag{9-22}$$

式（9－22）是包含三个未知数的两个方程，有无穷多组解，我们选择具有最小欧几里得范数（Euclidean norm）的一组解来进行迭代

$$\Delta \boldsymbol{p}=\boldsymbol{A}^{\mathrm{T}}\ (\boldsymbol{A}\boldsymbol{A}^{\mathrm{T}})^{-1}\Delta \boldsymbol{q} \tag{9-23}$$

其中，q_1，q_2 可以取向量 $\boldsymbol{B}$ 或角动量向量 $\boldsymbol{h}$ 在月球星体坐标系 $(\hat{S},\ \hat{T},\ \hat{R})$ 的 $\hat{R}$ 轴和 $\hat{T}$ 轴上分量的值。对于相同倾角的两条轨道，如果要利用向量 $\boldsymbol{B}$，它在 $\hat{R}$ 轴上的分量可以有两个值 $\boldsymbol{B}\cdot\hat{\boldsymbol{R}}=\pm B\sin\lambda$，而在 $\hat{T}$ 轴上的分量只有一个值 $\boldsymbol{B}\cdot\hat{\boldsymbol{T}}=B\cos\lambda$（$\cos\lambda=\dfrac{\cos i}{|\hat{\boldsymbol{S}}\times\hat{\boldsymbol{k}}|}$，$\sin\lambda=\sqrt{1-\cos^2\lambda}$）。因此两条不同轨道的终端变量的取值可以是 $q_1=\boldsymbol{B}\cdot\hat{\boldsymbol{R}}=\pm B\sin\lambda$，$q_2=\boldsymbol{B}\cdot\hat{\boldsymbol{T}}=B\cos\lambda$。

第三阶段，以第二阶段所获得的近似解进行最后一次微分修正，获得所需的精确解。

下面以一个具体的算例来说明这种做法。

我们希望卫星与月球交汇是在月球达到降交点附近，选择月球在 J2000 坐标的 Z 分量接近零的时刻：2009－12－09 05：00：00.00 (UTC)，这个时刻月球的位置和速度分别为

$x_m=-367\ 155.765\ 533$ km，$y_m=72\ 935.228\ 147$ km，

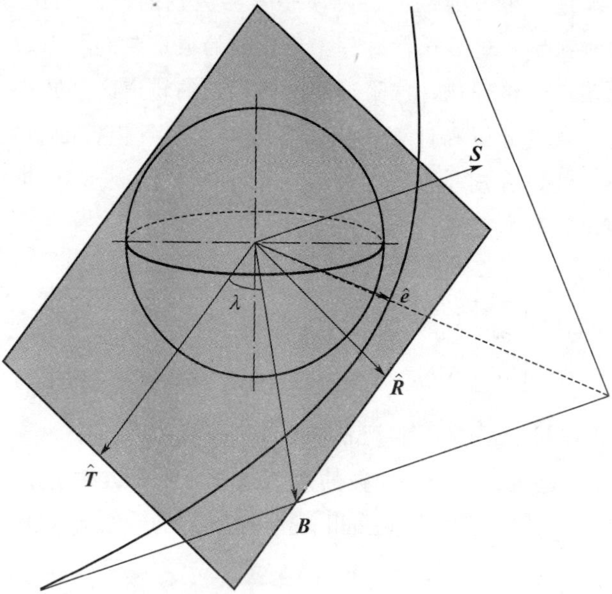

图 9-3　月球卫星的双曲线轨道

$$z_m = 106.019\ 175\ \text{km}$$

$$\dot{x}_m = -0.225\ 428\ \text{km/s}\ ,\ \dot{y}_m = -0.914\ 692\ \text{km/s}\ ,$$

$$\dot{z}_m = -0.454\ 533\ \text{km/s}$$

求出对应时刻的月球轨道为

$$a_m = 384\ 900\ \text{km}\ ,\ e_m = 0.049\ 234\ ,\ i_m = 25.781^\circ\ ,\ \Omega_m = 348.798^\circ$$

$$\omega_m = 121.490^\circ\ ,\ u_m = 179.962^\circ\ ,\ \varphi = 0.016^\circ$$

并假设转移时间 114 h，到达近月点时高度 200 km，月球轨道倾角 90°。

第一阶段的工作是先求出在二体问题近似下的两条地月转移轨道，我们设定的三个参数是

$$r_p = 6\ 978.137\ \text{km}\ ,\ v_p = 10.60\ \text{km/s}\ ,\ i = 31^\circ$$

解算出的两组参数为

$$\Omega_1 = 168.736^\circ\ ,\ \omega_1 = 180.032^\circ$$

$$\Omega_2 = 348.791°, \omega_2 = 359.968°$$

它们分别对应降段和升段入轨两组轨道。

根据降段入轨的 $\Omega_1 = 168.736°$，$\omega_1 = 180.032°$ 可以分别求出降升和降降两条轨道。到达月球的 $\boldsymbol{B}$ 向量的模取经验值 5 200 km，并近似认为升段到达月球时 $\lambda = 90°$，降段到达月球时 $\lambda = 270°$。

对于降升轨道采用第二阶段的两参数的解法，结果为

$$v_p = 10.593\ 67\ \text{km/s}, \Omega = 173.218°, \omega = 176.524°,$$

$$a = 197\ 645.175\ \text{km}, e = 0.964\ 694$$

再用第三阶段精确修正得

$$v_p = 10.593\ 75\ \text{km/s}, \Omega = 173.214°, \omega = 176.562°,$$

$$a = 197\ 799.65\ \text{km}, e = 0.964\ 721$$

对于降降轨道采用第二阶段的两参数的解法，结果为

$$v_p = 10.593\ 719\ \text{km/s}, \Omega = 172.019°, \omega = 178.983°,$$

$$a = 197\ 740.89\ \text{km}, e = 0.964\ 711$$

再用第三阶段的精确修正得

$$v_p = 10.593\ 648\ \text{km/s}, \Omega = 172.058°, \omega = 178.923°,$$

$$a = 197\ 592.84\ \text{km}, e = 0.964\ 684$$

根据 $\Omega_2 = 348.791°$，$\omega_2 = 359.968°$ 可以求出升降和升升两条轨道。

对于升降轨道采用第二阶段的两参数的解法，结果为

$$v_p = 10.593\ 694\ \text{km/s}, \Omega = 350.898°, \omega = 0.874°,$$

$$a = 197\ 688.12\ \text{km}, e = 0.964\ 701$$

再用第三阶段的精确修正得

$$v_p = 10.593\ 606\ \text{km/s}, \Omega = 351.006°, \omega = 0.699°,$$

$$a = 197\ 506.59\ \text{km}, e = 0.964\ 669$$

对于升升轨道采用第二阶段的两参数的解法，结果为

$$v_p = 10.593\ 690\ \text{km/s}, \Omega = 347.926°, \omega = 3.595°,$$

$$a = 197\ 681.49\ \text{km}, e = 0.964\ 700$$

再用第三阶段的精确修正得

$$v_p = 10.593\,756 \text{ km/s}, \Omega = 347.793°, \omega = 3.662°,$$
$$a = 197\,817.05 \text{ km}, e = 0.964\,724$$

9.5 火星探测器飞行路径

火星探测器从地球飞往火星的实际飞行路径是比较复杂的，因为它同时受到太阳、地球和火星的引力作用。但在近似分析中可以把整个飞行路径分成三段拼接起来，这三段分别是地球、太阳、火星这三个星体的引力场中的轨道，在分析每段轨道时忽略另外两个星体的引力，因为探测器在单一星体的引力场中的轨道比较单纯，这样做便于理解，是航天工程师们在设计复杂的飞行路径时常用的方法。下面首先介绍探测器在单一星体引力场中的飞行轨道。

9.5.1 探测器在太阳引力场中的飞行轨道

火星探测器大部分时间在太阳引力场中飞行，为了了解探测器在飞离地球时应该有多大的无穷远处速度，必须分析它在太阳引力场中飞行时需要有多大的初始速度，因此我们首先介绍中间这一段轨道，即在太阳引力场中的飞行轨道。

在分析这一段轨道时我们只考虑太阳对探测器的引力，忽略地球和火星对它的影响。很明显，可以把地球和火星的轨道都近似成圆轨道，于是就可以采用霍曼转移轨道，如图 9-4 所示。

图 9-4 中画出了绕太阳公转的地球和火星的轨道，这两条轨道基本上是以太阳为中心的同平面的圆轨道。火星比地球离太阳更远，在地球轨道的外边，所以称其为外行星。为了使探测器与火星会合，应该使探测器到达火星轨道时火星也刚好到达同一位置。地球和火星在自己的轨道上的位置是完全确定的，所以火星探测器不是随时都可以发射的，必须在一定的时间“窗口”内发射，即火星与地球在轨道上的相位差应该满足特定的要求时才能发射。这里有两个问题，一是这个相位差应该是多大；二是这样的相位差多长时间重复

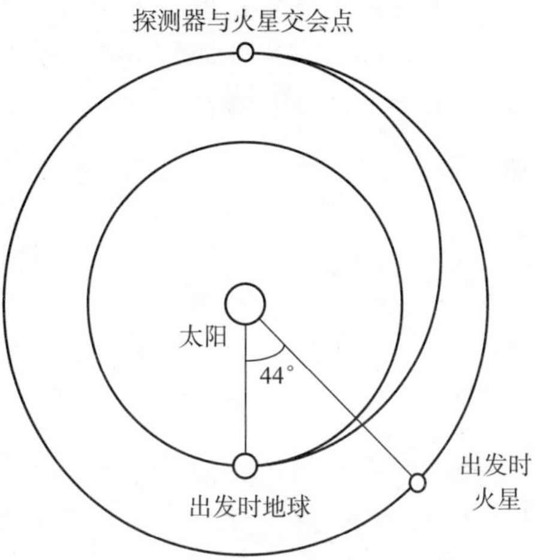

图 9 - 4　地火霍曼转移轨道

一次。这个相位差重复的时间间隔在天文学上称为“会合周期”。要解决这两个问题，需要用到下面几个基本常数：

太阳的引力常数 $\mu_s = 1.327 \times 10^{11}\ \mathrm{km^3/s^2}$；

地球与太阳的平均距离 $r_e = 1.496 \times 10^8\ \mathrm{km}$；

火星与太阳的平均距离 $r_m = 1.524 r_e$。

根据这些数值可以算出地球绕太阳的公转速度为 29.78 km/s，公转一圈约 365 天，火星绕太阳的公转速度为 24.13 km/s，公转一圈约 687 天，所以地球和火星的公转角速度分别是 0.986（°）/天和 0.524（°）/天。

探测器在转移轨道上运行的时间是转移轨道的半个周期，故转移轨道的半长轴为

$$a_t = \frac{r_e + r_m}{2}$$

所以探测器在转移轨道需飞行约 259 天。另一方面，在这段时间内火星将运行 136°，因此探测器发射时，火星必须在超前地球 44°的位置，否则探测器将不能与火星后合，这就解决了第一个问题。

知道了地球和火星的角速度后很容易算出会合周期。记地球和火星的角速度分别为 n_e 和 n_m ，公转周期分别为和 T_e 和 T_m ，为了再次出现相同的相对位置，地球必须比火星多运行 360°，为此所需的时间 T_s 就是所求的会合周期，即

$$T_s = \frac{360}{n_e - n_m} = \frac{1}{\dfrac{1}{T_e} - \dfrac{1}{T_m}} \approx 780 \text{ 天}$$

因此，如果按同一方式发射火星探测器，每隔两年多（26 个月）才有一次机会。

探测器在太阳引力场中的运动还剩下一个重要的问题，探测器需要有多大的相对于太阳的速度才能飞往火星？探测器接近火星时还有多大的速度？这两个速度很容易求出，因为它们分别是在转移轨道上的近日点和远日点的速度，即

$$v_{pt} = \sqrt{\mu_s\left(\frac{2}{r_e} - \frac{1}{a_t}\right)} = 32.73 \text{ km/s}$$

$$v_{at} = \sqrt{\mu_s\left(\frac{2}{r_m} - \frac{1}{a_t}\right)} = 21.48 \text{ km/s}$$

前面已经算出地球的公转速度是 29.78 km/s，探测器在未发射时已经具有这个速度，在飞离地球后如果它的无穷远处速度 $v_\infty =$ 32.73 km/s－29.78 km/s＝2.95 km/s，便可以按这里介绍的转移轨道飞往火星。

9.5.2 探测器在地球引力场中的飞行轨道

在上一节中已经算出，火星探测器飞出地球引力范围时应该有 2.95 km/s 的无穷远处速度，因此探测器必须沿双曲线轨道飞行。其机械能应为

$$E = \frac{v_\infty^2}{2} = 4.351 \text{ km}^2/\text{s}^2$$

通常用特征能量 C_3 来表示探测器离开天体影响球所需的能量，$C_3 = v_\infty^2$ 。那么探测器从地面发射刚进入双曲线轨道的近地点时的速

度应该为

$$v_p = \sqrt{2\left(\frac{\mu}{r_{pe}} + E\right)} = \sqrt{\frac{2\mu}{r_{pe}} + C_3}$$

式中，μ 是地球的引力常数，$\mu = 3.986\ 005 \times 10^5\ \mathrm{km^3/s^2}$。如果近地点的高度为 200 km，地球半径取 6 378 km，则 $v_p = 11.4\ \mathrm{km/s}$。

9.5.3　在火星引力场中的轨道

当探测器进入火星的影响范围后，飞行轨道可以看作只受火星引力场作用的结果，从火星上来看探测器是从无穷远处沿双曲线轨道向火星飞近。根据前面的计算，火星和探测器相对于太阳的运动速度分别为 24.13 km/s 和 21.48 km/s，两者之差 2.65 km/s 就是双曲线轨道的无穷远处速度，在火星的引力场内，探测器的能量为

$$E_m = \frac{v_\infty^2}{2} = 3.51\ \mathrm{km^2/s^2}$$

根据探测任务的不同在这一阶段还需对探测器进行不同的轨道控制。如果不对它进行控制，它将在飞近火星后又飞离火星在太阳系中游荡。如果要对火星的环境进行长期的探测，就需要通过变轨将探测器变为环绕火星按椭圆运动的卫星，为此需要将探测器减速，很容易算出速度的减小量。假如要让探测器沿一条距离火星表面 400 km 高的圆轨道飞行，探测器在这条轨道上运行的速度应为

$$v_{mc} = \sqrt{\frac{\mu_m}{(R_m + 400)}} = 3.36\ \mathrm{km/s}$$

式中　μ_m ——火星的引力常数，$\mu_m = 42\ 828\ \mathrm{km^3/s^2}$；

R_m ——火星半径，$R_m = 3\ 396\ \mathrm{km}$。

另一方面，火星沿双曲线轨道飞到离火星表面 400 km 时，其速度为

$$v_{mp} = \sqrt{2\left[\frac{\mu_m}{(R_m + 400)} + E_m\right]} = 5.44\ \mathrm{km/s}$$

因此还需将探测器的速度减小 2.08 km/s。

参考文献

[1] HOELKER R F，BRAUD N T. Mapping the Course for the Moon Trip. Astronautics & Aeronautics，Feb. 1964，16 - 23.

附录　关于最小欧几里得范数的解

给定线性方程组

$$\boldsymbol{A}\boldsymbol{x}=\boldsymbol{b} \tag{1}$$

式中，$\boldsymbol{A}$ 是 $m\times n$ 阶系数矩阵，且 $m<n$ 。

方程（1）有无穷多组解。但可以从中找出最小欧几里得范数（Euclidean norm）的解，它等价于求解下面的条件极值问题

$$\begin{aligned}&\min(|\boldsymbol{x}|^2/2)\\&s.t.\ \boldsymbol{A}\boldsymbol{x}=\boldsymbol{b}\end{aligned} \tag{2}$$

设

$$\boldsymbol{F}=|\boldsymbol{x}|^2/2+\boldsymbol{\lambda}^{\mathrm{T}}(\boldsymbol{b}-\boldsymbol{A}\boldsymbol{x})$$

令

$$\frac{\partial \boldsymbol{F}}{\partial \boldsymbol{x}}=\boldsymbol{x}-\boldsymbol{A}^{\mathrm{T}}\boldsymbol{\lambda}=\boldsymbol{0}$$

即

$$\boldsymbol{x}=\boldsymbol{A}^{\mathrm{T}}\boldsymbol{\lambda} \tag{3}$$

将式（3）代入式（1）得

$$\boldsymbol{A}\boldsymbol{A}^{\mathrm{T}}\boldsymbol{\lambda}=\boldsymbol{b}$$

故

$$\boldsymbol{\lambda}=(\boldsymbol{A}\boldsymbol{A}^{\mathrm{T}})^{-1}\boldsymbol{b} \tag{4}$$

将式（4）代入式（3）便得

$$\boldsymbol{x}=\boldsymbol{A}^{\mathrm{T}}(\boldsymbol{A}\boldsymbol{A}^{\mathrm{T}})^{-1}\boldsymbol{b} \tag{5}$$

第 10 章　三体问题和拉格朗日点轨道

10.1　三体问题

三体问题研究三个物体在相互引力作用下的运动状况，已经有几百年的历史，最早的研究可以从 17 世纪牛顿的研究工作算起。与二体问题不同的是，一般的三体问题不存在闭合形式的解析解。

1762 年欧拉对问题进行了限制，将其中的一个物体的质量假定为无穷小，问题变成“限制性三体问题”。如果将其进一步简化，认为两个主要的天体是绕着它们共同的质心做圆轨道运动，问题又进一步简化为“圆限制性三体问题”（CR3BP）。

10.2　天平动点

如果这个问题是在与两个主星体相连的坐标系中来研究，则可以获得 5 个平衡解，即天平动（Libration）点或拉格朗日点。虽然欧拉并未采用这个旋转坐标系，但在 1762 年他还是发现了连接两个主要星体的直线上的三个平衡（equilibrium）点。另两个与两个主星构成等边三角形的天平动点是 1772 年首先由拉格朗日发现的，据此他还预测了在太阳和木星之间的 Trojan 小行星群。

圆限制性三体问题主要是研究质量无穷小的第三个物体在这 5 个天平动点的临域内的运动。

19 世纪末庞加莱研究了限制性三体问题，得出的结论是不可积的，即不可能有解析解。但是他在研究过程中提供了一系列有价值的方法和成果。

10.3　圆限制性三体问题

10.3.1　假设

一般的三体问题是讨论三个任意质量的星体在相互引力作用的运动，这个系统需要有 18 个一阶微分方程才能完全地描述整个系统的运动。对这个系统进行上述的一系列限制变成圆限制性三体问题后，使得运动微分方程变成了只有 6 个一阶微分方程。三个星体以 P_1，P_2，P_3 来表示，它们的质量分别是 M_1，M_2，M_3，并假定 $M_1 > M_2 \gg M_3$。如果三个星体都是质量均匀分布的球体，它们之间的引力等效于相同质量的三个质点的引力。如果 P_3 的引力可以忽略，那么 P_1 和 P_2 的运动是以它们两者的共同质心为焦点的开普勒轨道。于是 P_3 的运动就是圆限制性三体问题的解。

10.3.2　几何关系

为了给出 P_3 的数学表达式，需要定义几个参考坐标系和位置向量，如图 10-1 所示。

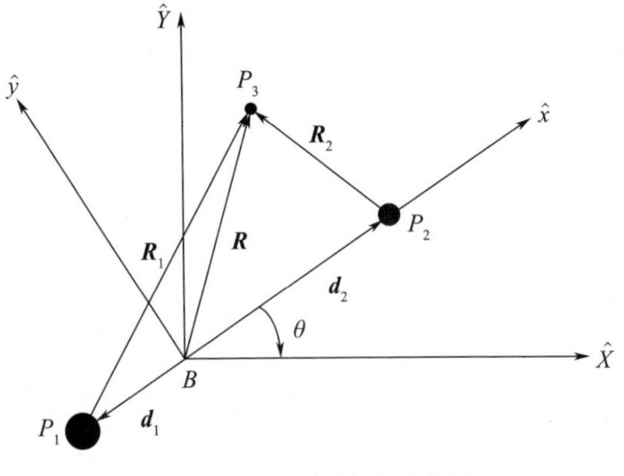

图 10-1　几何关系示意图

10.3.3 运动方程

记

$$M^* = M_1 + M_2,\ \mu = \frac{M_2}{M^*},\ (1-\mu) = \frac{M_1}{M^*}$$

$$L^* = |\boldsymbol{d}_1| + |\boldsymbol{d}_2|,\ \boldsymbol{r} = \frac{\boldsymbol{R}}{L^*}, \boldsymbol{r}_1 = \frac{\boldsymbol{R}_1}{L^*}, \boldsymbol{r}_2 = \frac{\boldsymbol{R}_2}{L^*}$$

$$\boldsymbol{F}_1 = -\frac{GM_1M_3}{R_1^3}\boldsymbol{R}_1, \boldsymbol{F}_2 = -\frac{GM_2M_3}{R_2^3}\boldsymbol{R}_2$$

$$\begin{aligned}\ddot{\boldsymbol{R}} &= \frac{\boldsymbol{F}_1}{M_3} + \frac{\boldsymbol{F}_2}{M_3} = -\frac{GM_1}{R_1^3}\boldsymbol{R}_1 - \frac{GM_2}{R_2^3}\boldsymbol{R}_2 \\ &= -\frac{G(1-\mu)M^*}{R_1^3}\boldsymbol{R}_1 - \frac{G\mu M^*}{R_2^3}\boldsymbol{R}_2 \\ &= -GM^*\left[\frac{(1-\mu)}{R_1^3}\boldsymbol{R}_1 + \frac{\mu}{R_2^3}\boldsymbol{R}_2\right] = -\frac{GM^*}{L^{*2}}\left[\frac{(1-\mu)}{r_1^3}\boldsymbol{r}_1 + \frac{\mu}{r_2^3}\boldsymbol{r}_2\right]\end{aligned}$$

$$\ddot{\boldsymbol{r}} = -\frac{GM^*}{L^{*3}}\left[\frac{(1-\mu)}{r_1^3}\boldsymbol{r}_1 + \frac{\mu}{r_2^3}\boldsymbol{r}_2\right]$$

如果将时间单位选为 $T^* = \sqrt{\dfrac{L^{*3}}{GM^*}}$，则惯性坐标系（$X$，$Y$，$Z$）中的运动微分方程可表示成

$$\ddot{\boldsymbol{r}} = -\left[\frac{(1-\mu)}{r_1^3}\boldsymbol{r}_1 + \frac{\mu}{r_2^3}\boldsymbol{r}_2\right]$$

在与主星体一起旋转的坐标系（x，y，z）中的运动方程变成

$$\left.\begin{aligned}&\ddot{x} - 2\dot{y} - x = -\frac{(1-\mu)(x+\mu)}{r_1^3} - \frac{\mu[x-(1-\mu)]}{r_2^3} \\ &\ddot{y} + 2\dot{x} - y = -\frac{(1-\mu)y}{r_1^3} - \frac{\mu y}{r_2^3} \\ &\ddot{z} = -\frac{(1-\mu)z}{r_1^3} - \frac{\mu z}{r_2^3}\end{aligned}\right\} \tag{10-1}$$

如果定义一个伪位函数

$$U=\frac{(1-\mu)}{r_1}+\frac{\mu}{r_2}+\frac{x^2+y^2}{2} \tag{10-2}$$

则运动方程可以写成

$$\left.\begin{aligned}\ddot{x}-2\dot{y}&=\frac{\partial U}{\partial x}\\ \ddot{y}+2\dot{x}&=\frac{\partial U}{\partial y}\\ \ddot{z}&=\frac{\partial U}{\partial z}\end{aligned}\right\} \tag{10-3}$$

10.4　天平动点的位置

当 $\frac{\partial U}{\partial x}=\frac{\partial U}{\partial y}=\frac{\partial U}{\partial z}=0$ 时，方程（10－1）有平衡解，它们对应 5 个天平动点（见图 10－2），处在与主星体一起旋转的坐标系（x，y，z）中，在这 5 个点的飞行器受到的两个主星体的引力和旋转时的离心力相互抵消，所以处于平衡状态。

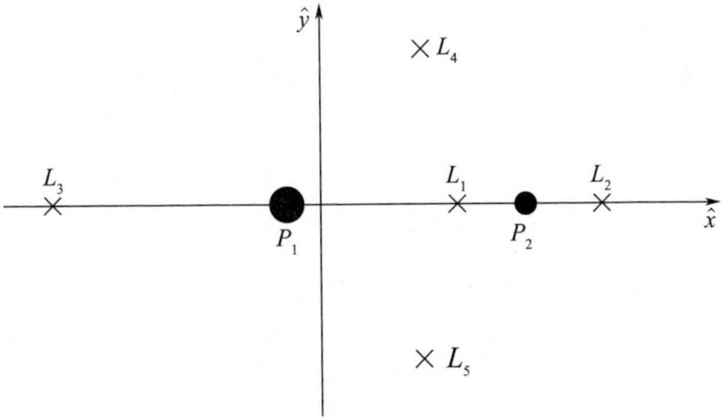

图 10－2　天平动点

三个共线的平衡点都需满足 $y=z=0$，它们是下述方程的解

$$x-\frac{(1-\mu)(x+\mu)}{|x+\mu|^{3}}-\frac{\mu[x-(1-\mu)]}{|x-(1-\mu)|^{3}}=0$$

这三个共线的平衡点都是不稳定的。

L_4 和 L_5 的坐标分别为 $\left(\frac{1}{2}-\mu,\ \frac{\sqrt{3}}{2},\ 0\right)$ 和 $\left(\frac{1}{2}-\mu,\ -\frac{\sqrt{3}}{2},\ 0\right)$。这两个平衡点是稳定的。

10.5 在天平动点邻域内的运动

天平动点是运动方程的特解或称为平衡解，关于平衡点的稳定性可以通过相对于平衡解的线性化产生的变分方程来研究。P_3 点在天平动点邻域内的运动可以通过线性分析求解。如果平衡点 L_i 的坐标为 (x_i, y_i, z_i)，在它附近的点的位置是 (x, y, z)，记

$$\xi=x-x_i,\ \eta=y-y_i,\ \zeta=z-z_i$$

则关于点 L_i 的线性运动方程可以写成

$$\left.\begin{aligned}\ddot{\xi}-2\dot{\eta}&=U_{xx}^{*}\xi+U_{xy}^{*}\eta+U_{xz}^{*}\zeta\\ \ddot{\eta}+2\dot{\xi}&=U_{yx}^{*}\xi+U_{yy}^{*}\eta+U_{yz}^{*}\zeta\\ \ddot{\zeta}&=U_{zx}^{*}\xi+U_{zy}^{*}\eta+U_{zz}^{*}\zeta\end{aligned}\right\}$$

式中，$U_{jk}=\frac{\partial U}{\partial j\,\partial k}$，$U_{jk}^{*}=U_{jk}\big|_{L_i}$。定义 6 维的状态向量为

$$\boldsymbol{\xi}=[\xi\quad \eta\quad \zeta\quad \dot{\xi}\quad \dot{\eta}\quad \dot{\zeta}]$$

于是二阶微分方程组变成一阶微分方程组

$$\dot{\boldsymbol{\xi}}=\boldsymbol{A}\boldsymbol{\xi}\tag{10-4}$$

其中

$$\boldsymbol{A}=\begin{bmatrix}\boldsymbol{0} & \boldsymbol{I}_3\\ \boldsymbol{B} & \boldsymbol{C}\end{bmatrix}$$

$$\boldsymbol{B}\equiv\begin{bmatrix}U_{xx}^{*} & U_{xy}^{*} & U_{xz}^{*}\\ U_{yx}^{*} & U_{yy}^{*} & U_{yz}^{*}\\ U_{zx}^{*} & U_{zy}^{*} & U_{zz}^{*}\end{bmatrix},\ \boldsymbol{C}\equiv\begin{bmatrix}0 & 2 & 0\\ -2 & 0 & 0\\ 0 & 0 & 0\end{bmatrix}$$

式中，$\boldsymbol{I}_3$ 是 3×3 的单位矩阵。

线性方程组的解可以表示为下列形式

$$\left.\begin{aligned}\xi &= \sum_{i=1}^{6} A_i \mathrm{e}^{s_i t} \\ \eta &= \sum_{i=1}^{6} B_i \mathrm{e}^{s_i t} \\ \zeta &= \sum_{i=1}^{6} C_i \mathrm{e}^{s_i t}\end{aligned}\right\}$$

式中，A_i，B_i，C_i 是常系数；s_i 是矩阵 $\mathbf{A}$ 的 6 个特征值。这些特征值或特征根确定了线性化的稳定性，也包含了非线性系统的稳定性的有关信息以及关于运动的某些定性特征。对于共线的平衡点，6 个特征值中有两个是实值并有一个是正的，因此环绕共线点的运动一般是不稳定的。但另外 4 个特征值都是纯虚数，因此会存在严格的振荡运动的可能性，为此可以设法选择合适的初始条件使其产生稳定的周期轨道。对于三角形平衡点，若满足 $\mu < \mu_0 \approx 0.0385$，则相应的 4 个特征值都是纯虚数；对于 $\mu > \mu_0$，则有些特征值会具有正实部。

10.6　天平动点轨道

10.6.1　近似的周期解

围绕共线的平动点，存在近似的周期解。它们的一般形式是 Lissajous 轨迹，其数学表达式为

$$\left.\begin{aligned}\xi &= A_1 \cos\lambda t + A_2 \sin\lambda t \\ \eta &= -kA_1 \sin\lambda t + kA_2 \cos\lambda t \\ \zeta &= C_1 \sin\nu t + C_2 \cos\nu t\end{aligned}\right\}$$

这是一类有界的运动，但并非是周期性的。因为平面内的频率 λ 和平面外的频率 ν 之比并非都是有理数。但可以通过精心选择初始值使得相应的 Lissajous 轨迹变成周期性的轨道。上面的解可以改写

成下面形式的一阶解

$$\left.\begin{aligned}\xi &= -A_x\cos(\lambda t+\phi)\\ \eta &= kA_x\sin(\lambda t+\phi)\\ \zeta &= A_z\sin(\nu t+\psi)\end{aligned}\right\}$$

以这个一阶解为基础，Richardson 用逐步近似的方法进一步得到一个三阶的周期解

$$\left.\begin{aligned}\xi =&\ a_{21}A_x^2+a_{22}A_z^2-A_x\cos(\lambda\tau+\phi)+(a_{23}A_x^2-a_{24}A_z^2)\cos(2\lambda\tau+2\phi)+\\ &(a_{31}A_x^3-a_{32}A_xA_z^2)\cos(3\lambda\tau+3\phi)\\ \eta =&\ kA_x\sin(\lambda\tau+\phi)+(b_{21}A_x^2-b_{22}A_z^2)\sin(2\lambda\tau+2\phi)+\\ &(b_{31}A_x^3-b_{32}A_xA_z^2)\sin(3\lambda\tau+3\phi)\\ \zeta =&\ \delta_nA_z\cos(\lambda\tau+\phi)+\delta_nd_{21}A_xA_z[\cos(2\lambda\tau+2\phi)-3]+\\ &\delta_n(d_{32}A_zA_x^2-d_{31}A_z^3)\cos(3\lambda\tau+3\phi)\end{aligned}\right\}$$

式中，a_{jk}，b_{jk} 和 d_{jk} 为系数；$\delta_n=\pm1$，是开关函数，表明平面外运动最大值的方向；τ 是时间尺度变量。此外 A_x 和 A_z 必须满足相应的约束关系

$$l_1A_x^2+l_2A_z^2+\Delta=0$$

上面出现的一些系数都可以在有关的文献中找到。

这个近似的解析解对于进一步了解共线平动点邻域内的运动的特性是有意义的，特别是发现了三维的周期轨道“halo”轨道的存在，并用数值计算的方法得到精确的数值解。而这种近似解析解的重要作用是，可以作为对非线性方程进行精确的数值积分时的初始猜测。

10.6.2 状态转移矩阵

用来精确解算非线性系统的周期轨道的数值方法是微分修正方法。它需要用到状态的变化对于初始条件的敏感度，是基于相对某个参考轨道的线性化的运动方程获得的。利用所得到的线性变分方程来导出状态转移矩阵，这里将相对于参考弹道的变分表示为 $(\delta x, \delta y, \delta z)$。再定义一个 6 维的状态向量为

$$\delta \boldsymbol{x} = [\delta x \quad \delta y \quad \delta z \quad \delta \dot{x} \quad \delta \dot{y} \quad \delta \dot{z}]$$

得到变分方程的状态空间形式为

$$\delta \dot{\boldsymbol{x}}(t) = \boldsymbol{A}(t)\delta \boldsymbol{x}(t) \tag{10-5}$$

$$\boldsymbol{A}(t) \equiv \begin{bmatrix} \boldsymbol{0} & \boldsymbol{I}_3 \\ \boldsymbol{B}(t) & \boldsymbol{C} \end{bmatrix}$$

上式中的 $\boldsymbol{A}$ 矩阵类似于相对于平动点的变分方程中的 $\boldsymbol{A}$ 矩阵，不同的是子矩阵 $\boldsymbol{B}(t)$ 不再是常数矩阵。方程（10－5）解的一般形式是

$$\delta \boldsymbol{x}(t) = \boldsymbol{\Phi}(t, t_0)\delta \boldsymbol{x}(t_0) \tag{10-6}$$

式中，$\boldsymbol{\Phi}(t, t_0)$ 是状态转移矩阵（STM），且满足

$$\dot{\boldsymbol{\Phi}}(t, t_0) = \boldsymbol{A}(t)\, \boldsymbol{\Phi}(t, t_0),\ \boldsymbol{\Phi}(t, t_0) = \boldsymbol{I}_6 \tag{10-7}$$

不难看出，转移矩阵可以与 6 维的弹道参数一起构成一个 42 维的非线性的矩阵方程，用数值积分法获得精确的数值解。

10.6.3　微分修正

微分修正法本质上是一种迭代的打靶法。我们用下面的 6 维的状态向量来表示一条弹道

$$\boldsymbol{x} \equiv [x \quad y \quad z \quad \dot{x} \quad \dot{y} \quad \dot{z}]$$

微分修正法是基于一个已知初始状态向量 $\boldsymbol{x}(t_0)$，通过若干次迭代修正来产生一条最终的弹道，使得最终的状态满足特定的要求 $\boldsymbol{x}(t_f)_{des}$。每次修正的过程可以用图 10－3 和关系式（10－8）来表示

$$\delta \boldsymbol{x}(t_f) = \frac{\partial \boldsymbol{x}(t_f)}{\boldsymbol{x}(t_0)}\delta \boldsymbol{x}(t_0) + \dot{\boldsymbol{x}}(t_f)\delta t_f \tag{10-8}$$

上式中的偏导数矩阵等于状态转移矩阵在终端时刻 t_f 的值，因此式（10－8）可以写成

$$\delta \boldsymbol{x}(t_f) = \boldsymbol{\Phi}(t_f, t_0)\delta \boldsymbol{x}(t_0) + \dot{\boldsymbol{x}}(t_f)\delta t_f \tag{10-9}$$

对于终端状态的修正为

$$\delta \boldsymbol{x}(t_f) = \boldsymbol{x}(t_f)_{des} - \boldsymbol{x}(t_f) \tag{10-10}$$

将式（10－10）代入式（10－9），就可以解算出初始状态修正

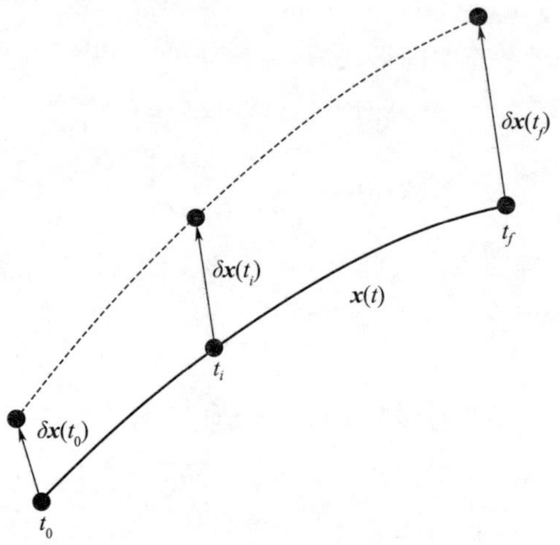

图 10-3 相对于参考轨迹的线性变分

的估计值 $\delta \boldsymbol{x}(t_0)$，重复这个过程，经过若干次迭代就有可能收敛到所需要的终端状态。

现在已经发现在共线的平动点的邻域存在三维的周期轨道 halo 轨道，可以利用式（10-9）用数值计算的办法来获得。这个过程充分利用了这些轨道关于 $\hat{x}-\hat{z}$ 平面的对称性。这种对称性说明这种周期轨道必定会垂直地穿过 $\hat{x}-\hat{z}$ 平面，因而在穿越点应该满足条件

$$y=\dot{x}=\dot{z}=0$$

从有利于计算的角度考虑，这种选择有很多好处。首先只需进行半圈的数值积分，其次是不需要预先给出终端时刻 t_f，因为在 $\hat{x}-\hat{z}$ 平面穿越点的时刻，即在计算过程中达到 $y(t_f)=0$ 可以用来作为停止的时刻，而且方程（10-9）中的 δt_f 可以用 $\delta y(t)$ 来替代，作为第 6 个求解的变量。因此初始状态可以选择为

$$\boldsymbol{x}(t_0)=[x_0 \quad 0 \quad z_0 \quad 0 \quad \dot{y}_0 \quad 0]^{\mathrm{T}}$$

其中，x_0，z_0，$\dot{y}_0$ 是可以操控的。为了实现周期性，终端的状态向量应该为

$$\boldsymbol{x}(t_f)_{des}=[x_f \quad 0 \quad z_f \quad 0 \quad \dot{y}_f \quad 0]^{\mathrm{T}}$$

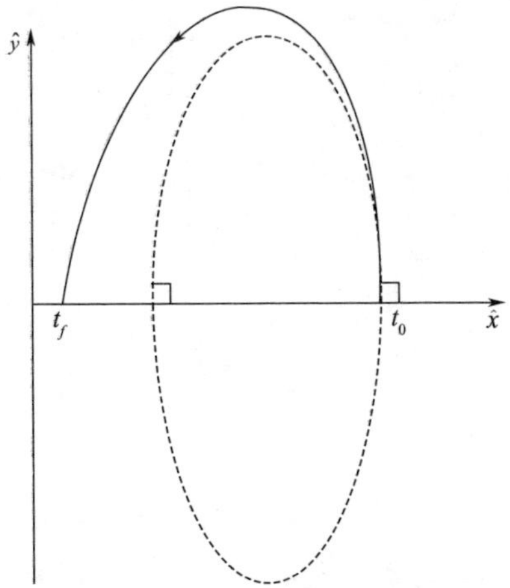

图 10-4　初始条件修正使周期轨道关于 $\hat{x}-\hat{z}$ 平面对称

其中，x_f，z_f，$\dot{y}_f$ 是任意的，垂直地穿过 $\hat{x}-\hat{z}$ 平面的要求是由 $y_f=\dot{x}_f=\dot{z}_f=0$ 保证的。因为 $y_f=0$ 是用来作为积分计算过程的停止条件，修正过程的目标是终端状态的 $\dot{x}_f$，$\dot{z}_f$ 尽可能接近于零。因此方程（10-9）中对 $\delta\boldsymbol{x}(t_0)$ 的处理可以简化为解算有三个未知数（x_0，z_0，$\dot{y}_0$）的关于 $\dot{x}_f$，$\dot{z}_f$ 的两个方程的方程组。这可以采用线性代数中的求最小范数解的标准方法。

关于这个问题的更常用的处理方法是再固定一个初始状态，将系统变成只有两个未知数两个方程的方程组。那样就可以对所求的轨道提出更多的要求，例如对产生的 halo 轨道的振幅有所要求。

在 $t=0$ 时刻，初始状态 x_0 任意，$y_0=\dot{x}_0=\dot{z}_0=0$，使得当 $t=t_1$ 时 $y_1=0$，$\dot{x}_1=\dot{z}_1=0$ 来解算出 z_0，$\dot{y}_0$

$$\begin{bmatrix}\delta\dot{x}_1\\ \delta\dot{z}_1\end{bmatrix}=\begin{bmatrix}\Phi_{43} & \Phi_{45}\\ \Phi_{63} & \Phi_{65}\end{bmatrix}\begin{bmatrix}\delta x_0\\ \delta z_0\end{bmatrix}+\begin{bmatrix}\ddot{x}_1\\ \ddot{z}_1\end{bmatrix}\delta t$$

$$0=\delta y_1=[\Phi_{23}\quad \Phi_{25}]\begin{bmatrix}\delta z_0\\ \delta\dot{y}_0\end{bmatrix}+\dot{y}_1\delta t$$

$$\begin{bmatrix}\delta\dot{x}_1\\ \delta\dot{z}_1\end{bmatrix}=\left(\begin{bmatrix}\Phi_{43} & \Phi_{45}\\ \Phi_{63} & \Phi_{65}\end{bmatrix}-\frac{1}{\dot{y}_1}\begin{bmatrix}\ddot{x}_1\\ \ddot{z}_1\end{bmatrix}\begin{bmatrix}\Phi_{23} & \Phi_{25}\end{bmatrix}\right)\begin{bmatrix}\delta x_0\\ \delta z_0\end{bmatrix}$$

$$\begin{bmatrix}\delta z_0\\ \delta\dot{y}_0\end{bmatrix}=\left(\begin{bmatrix}\Phi_{43} & \Phi_{45}\\ \Phi_{63} & \Phi_{65}\end{bmatrix}-\frac{1}{\dot{y}_1}\begin{bmatrix}\ddot{x}_1\\ \ddot{z}_1\end{bmatrix}\begin{bmatrix}\Phi_{23} & \Phi_{25}\end{bmatrix}\right)^{-1}\begin{bmatrix}\delta\dot{x}_1\\ \delta\dot{z}_1\end{bmatrix}$$

$$\begin{bmatrix}\delta x_f\\ \delta y_f\\ \delta z_f\\ \delta\dot{x}_f\\ \delta\dot{y}_f\\ \delta\dot{z}_f\end{bmatrix}=\begin{bmatrix}\Phi_{11} & \Phi_{12} & \Phi_{13} & \Phi_{14} & \Phi_{15} & \Phi_{16}\\ \Phi_{21} & \Phi_{22} & \Phi_{23} & \Phi_{24} & \Phi_{25} & \Phi_{26}\\ \Phi_{31} & \Phi_{32} & \Phi_{33} & \Phi_{34} & \Phi_{35} & \Phi_{36}\\ \Phi_{41} & \Phi_{42} & \Phi_{43} & \Phi_{44} & \Phi_{45} & \Phi_{46}\\ \Phi_{51} & \Phi_{52} & \Phi_{53} & \Phi_{54} & \Phi_{55} & \Phi_{56}\\ \Phi_{61} & \Phi_{62} & \Phi_{63} & \Phi_{64} & \Phi_{65} & \Phi_{66}\end{bmatrix}\begin{bmatrix}\delta x_0\\ \delta y_0\\ \delta z_0\\ \delta\dot{x}_0\\ \delta\dot{y}_0\\ \delta\dot{z}_0\end{bmatrix}+\begin{bmatrix}\dot{x}_f\\ \dot{y}_f\\ \dot{z}_f\\ \ddot{x}_f\\ \ddot{y}_f\\ \ddot{z}_f\end{bmatrix}\delta t_f$$

如果我们取 $\boldsymbol{x}(t_0)=[x_0 \quad 0 \quad z_0 \quad 0 \quad \dot{y}_0 \quad 0]^{\mathrm{T}}$，于是有

$$\begin{bmatrix}\delta x_f\\ \delta y_f\\ \delta z_f\\ \delta\dot{x}_f\\ \delta\dot{y}_f\\ \delta\dot{z}_f\end{bmatrix}=\begin{bmatrix}\Phi_{11} & \Phi_{12} & \Phi_{13} & \Phi_{14} & \Phi_{15} & \Phi_{16}\\ \Phi_{21} & \Phi_{22} & \Phi_{23} & \Phi_{24} & \Phi_{25} & \Phi_{26}\\ \Phi_{31} & \Phi_{32} & \Phi_{33} & \Phi_{34} & \Phi_{35} & \Phi_{36}\\ \Phi_{41} & \Phi_{42} & \Phi_{43} & \Phi_{44} & \Phi_{45} & \Phi_{46}\\ \Phi_{51} & \Phi_{52} & \Phi_{53} & \Phi_{54} & \Phi_{55} & \Phi_{56}\\ \Phi_{61} & \Phi_{62} & \Phi_{63} & \Phi_{64} & \Phi_{65} & \Phi_{66}\end{bmatrix}\begin{bmatrix}\delta x_0\\ 0\\ \delta z_0\\ 0\\ \delta\dot{y}_0\\ 0\end{bmatrix}+\begin{bmatrix}\dot{x}_f\\ \dot{y}_f\\ \dot{z}_f\\ \ddot{x}_f\\ \ddot{y}_f\\ \ddot{z}_f\end{bmatrix}\delta t_f$$

$$\begin{bmatrix}\delta x_f\\ \delta y_f\\ \delta z_f\\ \delta\dot{x}_f\\ \delta\dot{y}_f\\ \delta\dot{z}_f\end{bmatrix}=\begin{bmatrix}\Phi_{11}\delta x_0+\Phi_{13}\delta z_0+\Phi_{15}\delta\dot{y}_0\\ \Phi_{21}\delta x_0+\Phi_{23}\delta z_0+\Phi_{25}\delta\dot{y}_0\\ \Phi_{31}\delta x_0+\Phi_{33}\delta z_0+\Phi_{35}\delta\dot{y}_0\\ \Phi_{41}\delta x_0+\Phi_{43}\delta z_0+\Phi_{45}\delta\dot{y}_0\\ \Phi_{51}\delta x_0+\Phi_{53}\delta z_0+\Phi_{55}\delta\dot{y}_0\\ \Phi_{61}\delta x_0+\Phi_{63}\delta z_0+\Phi_{65}\delta\dot{y}_0\end{bmatrix}+\begin{bmatrix}\dot{x}_f\\ \dot{y}_f\\ \dot{z}_f\\ \ddot{x}_f\\ \ddot{y}_f\\ \ddot{z}_f\end{bmatrix}\delta t_f$$

$$\delta y_f=\Phi_{21}\delta x_0+\Phi_{23}\delta z_0+\Phi_{25}\delta\dot{y}_0+\dot{y}_f\delta t_f$$

$$\delta\dot{x}_f=\Phi_{41}\delta x_0+\Phi_{43}\delta z_0+\Phi_{45}\delta\dot{y}_0+\ddot{x}_f\delta t_f$$

$$\delta\dot{z}_f=\Phi_{61}\delta x_0+\Phi_{63}\delta z_0+\Phi_{65}\delta\dot{y}_0+\ddot{z}_f\delta t_f$$